이해하기 쉬운

생화학 실험

머리말

정보의 홍수 속에서 그동안 수많은 생화학 실험에 관한 책이 출간되었습니다. 교육 현장에서는 실험서에 비해 주교재의 중요성이 강조되어 원리를 중심으로 한 내용들을 수록한 경우가 대부분입니다. 생화학은 이론도 중요하지만, 학생들이 실험실에서 실험이라는 직접 경험을 통해 기술과 창의력을 쌓아 응용력을 기르는 것이 중요합니다. 또한 경쟁시대에 맞물려 국가에서 실시하는 다양한 자격시험에 응시하는 데도 무엇보다 실험서가 필수적 요소가 되었습니다.

〈이해하기 쉬운 생화학 실험〉은 생명과학 관련 분야의 학생을 내상으로 생화학을 공부하는 데 필요한 기초이론과 실험을 쉽게 이해하도록 조화롭게 구성하였습니다. 특히 각 장 앞부분에는 주교재를 통해서 배울 수 있는 내용들을 정리하였으며, 뒷부분은 실험실에서 실질적으로 가장 많이 실행되는 실험을 부분별로 2~3가지씩 수록하였습니다. 또한 실험의 이해를 돕기 위해 그림이나 사진을 함께 제시하였으며, 실험결과를 유추할 수 있도록 다양한 표를 첨가하였습니다. 모쪼록 이 책이 생명과학을 공부하는 학생들의 연구와 국가자격시험(기사)에 도움이 되기를 바랍니다.

끝으로 이 책이 나오기까지 많은 도움을 주신 파워북 사장님을 비롯한 직원들께 감사드립니다.

2013년 11월

저자 일동

차 례

제1장 실험의 기초

1. 실험의 기초지식 _8
2. 시료의 처리 _14
3. 정량분석의 개념 _16
4. 보고서 작성 요령 _16
5. 보고서 형식 _17

제2장 탄수화물

1. 탄수화물의 정의 _20
2. 탄수화물의 분류 _20
3. 탄수화물의 생리적 기능 _22

실험 2-1 Fehling시험 _25

실험 2-2 DNS에 의한 비색법 _29

실험 2-3 Pectin의 정량 _33

제3장 단백질

1. 아미노산의 정의 _40
2. 아미노산의 종류 _40
3. 아미노산의 성질 _42
4. 펩티드결합의 형성 _42
5. 단백질의 구조 _43
6. 단백질의 기능 _44

실험 3-1 뷰렛반응을 이용한 단백질의 정성반응 _46

실험 3-2 닌히드린반응을 이용한 단백질의 정성반응 _51

실험 3-3 우유로부터 casein의 분리 _55

제4장 지질

1. 지질의 분류 _60
2. 지질의 기능 _62
3. 지단백질의 대사 _63

실험 4-1 산가 측정 _65

실험 4-2 과산화물가 측정 _71

실험 4-3 요오드가 측정 _75

제5장 효소

1. 효소의 정의 _82
2. 효소의 분류 _83
3. 효소의 특성 _84
4. 효소의 반응 _86
5. 효소반응속도에 영향을 주는 인자 _87

실험 5-1 아미노산 및 단백질의 정성분석과 효소실험 _90

실험 5-2 수크로오스의 가수분해를 통한 Michaelis 상수의 결정 _95

실험 5-3 화학반응속도 _101

제6장 핵산

1. 핵산의 구성 _108
2. 핵산의 종류 _108

실험 6-1 핵산 추출-plasmid DNA 분리 _111
실험 6-2 RNA 추출 _117
실험 6-3 DNA와 RNA 정량 _121

제7장 세포배양 실험

1. 배지의 특징과 선택방법 _126
2. 세포주 배양방법 _131

실험 7-1 효소 처리에 의한 세포박리: trypsin/EDTA에 의한 일반적 접착성 배양세포의 회수세포 박리방법 _135
실험 7-2 부유성 세포주의 계대배양 _139
실험 7-3 접착성 세포주의 계대배양 _143
실험 7-4 세포 저장 _147

제8장 유전체학 실험의 원리

1. 중합효소연쇄반응 _152
2. 분자 클로닝 _153
3. 게놈 도서관 _154
4. DNA 미세배열 _154
5. 염색체 걷기 _155

실험 8-1 Total RNA의 추출 _157
실험 8-2 Reverse transcription polymerase chain reaction _161

제9장 실험쥐의 해부

1. 소화계통 _166
2. 비뇨생식계통 _169

실험 9-1 실험쥐의 해부 및 기관 적출 _170

제10장 인체실험

1. 검사 시료 _176
2. 검사 유형 _179

실험 10-1 포도당 측정 _181
실험 10-2 중성지방 측정 _185
실험 10-3 총콜레스테롤 측정 _189
실험 10-4 GOT, GPT 측정 _193

¤ 참고문헌 _199
¤ 찾아보기 _201

easy to understand

제1장

실험의 기초

제1장 실험의 기초

1. 실험의 기초지식

1) 실험실에서 지켜야 할 유의사항

우리가 사용하는 실험실은 무언가를 새롭게 발견하는 곳이며 배움의 장소이다. 그러나 실험실에서는 시약 및 화약약품을 다루거나 화염 등의 위험을 초래할 수 있는 요인이 많이 존재하기 때문에 항상 주의를 기울여야 한다. 독성 강한 물질이 많으므로 시약을 다룰 때에는 신중히 다루어야 하며, 흡입이나 피부에 접촉하지 않도록 신중을 기해야 한다.

다음에서 제시하는 사항들은 안전을 위해 필수적이므로 잘 숙지해야 한다.

① 실험실에서는 항상 실험복과 보호안경을 착용하도록 한다.

② 화학약품이 신체 어느 부분이든 직접 닿지 않도록 한다. 예를 들어 화학약품이 이 피부에 묻으면 빨리 신속히 닦거나 물로 씻는다. 혹시 사고가 생기면 원칙에 따라 민첩하게 응급처치하고, 필요하면 즉시 병원에 가야 한다.

③ 유독성 기체가 발생하는 실험은 항상 후드(fume hood) 안에서 실험해야 한다. 시약은 반드시 시약명을 확인한 후에 사용해야 하며, 시약병은 반드시 두 손을 사용하여 병의 몸통을 잡고 바닥을 받쳐 든다.

④ 실험을 할 때에는 침착하게 실시하며, 결코 서두르지 말아야 한다. 실험순서대로

항상 조심스럽게 일을 진행해야 하며, 급한 일이 있으면, 가능하면 실험을 중단하고 그 일을 해결한 후에 실험을 해야 한다.

⑤ 실험실에서는 음식물을 먹거나 들이키지 말고 절대 금연해야 한다.

⑥ 실험하는 동안 눈이 가렵더라도 무심코 손으로 눈을 비비는 등의 행동은 하지 말아야 한다.

⑦ 뜨거운 유리기구는 반드시 장갑과 집게를 사용하여 취급해야 하며, 액체를 가열할 때에는 끓임쪽(boiling chip)을 넣어 액체가 튀어 오르지 않도록 한다.

⑧ 불이 나지 않도록 항상 실험실 원칙에 따라 실험을 해야 하며, 에테르(ether)와 같은 인화성 물질을 가열할 때에는 반드시 물 위에서 가열해야 한다.

⑨ 실험실에 배치된 필수 장비 및 장치들이 어디에 있는지 잘 알아두어야 한다. 예를 들면, 출입구의 위치, 소화기의 위치 및 신체에 약품이 묻었을 때 처리하는 시설 등을 미리 파악해 두어야 한다.

⑩ 유독한 시약이 많으므로 피부에 직접 닿거나 맛을 보는 행동은 하지 말아야 한다. 시약의 냄새를 맡고자 할 때는 얼굴을 향하여 손으로 부채질하듯이 바람을 일으켜서 맡도록 하며, 다량의 기체를 흡입하지 않도록 주의한다.

⑪ 화학약품(산이나 염기 등)을 옮겨 담을 때는 피펫 holder나 스포이트를 사용해야 하며, 황산을 희석할 때에는 물을 산에 붙지 말고 물에 산을 천천히 부으며 젓는다.

⑫ 실험이 끝나면 실험기구를 깨끗이 씻어서 정리하고, 실험대 및 실험기구는 항상 청결하게 관리한다. 또한 실험실의 수도, 전기 및 가스에 이상이 없는지도 수시로 점검한다.

2) 실험 시 화학 약품을 다루거나 실험 후 오물 및 쓰레기를 처치할 때

① 거의 모든 유기화합물은 가연성이므로 버너 위에서 직접 가열하지 말아야 한다.

② 환경오염을 방지하기 위해서는 화학물질은 지정된 폐기용기에 담아서 일괄적으로 처리해야 한다. 플라스틱 용기에는 화학물질을 폐기할 경우 반응이 일어날 수 있으므로 사용해서는 안 되며, 고체나 액체 시약은 따로따로 유리 용기에 보관한 후 처리해야 한다.

③ 서로 다른 종류의 유기화합물을 섞으면 반응이 일어날 수 있으므로 폐기물 내용

이 명기된 용기에 보관 후에 처리해야 한다.

④ 때로는 고체 무기화합물도 신중히 처리해야 하며, 함부로 버리지 말아야 한다.

⑤ 실험실에는 깨진 유리기구의 처리 장소와 기구를 마련해야 한다.

⑥ 깨진 온도계에는 수은이 함유되어 있어 적은 양이라도 독성이 심하므로 주의해서 처리하고, 바닥에 흘린 수은은 실험 담당 선생님의 지시에 따라 처리해야 한다.

3) 실험실에서의 응급처치법

실험실 내에서 사고가 발생했을 경우 당황하지 말고 침착하게 적절한 응급조치를 취하고, 반드시 실험 담당 선생님께 안전을 확인한 후에 실험을 해야 한다.

① 약품에 화재가 났을 경우: 불의 근원을 제거하고, 모래나 모포로 덮어 소화하거나 소화기 등을 사용하여 불을 끄도록 한다.

② 의복에 불이 붙었을 때: 당황하여 뛰지 못하게 붙들고, 모포나 실험복으로 싸서 불을 끄거나 소화기나 샤워기를 사용한다.

③ 시약에 의한 화상: 다량의 깨끗한 물로 씻어낸 후, 산에 의한 화상일 경우에는 묽은 탄산수소나트륨 용액으로, 염기성 시약에 의한 화상일 경우 묽은 아세트산 용액으로 중화하여 씻어낸 후 의사의 지시를 따른다.

④ 불에 의한 화상: 우선 아연화 연고나 타닌산 용액을 바르고, 와세린을 발라 공기 차단한 후에 의사의 지시를 따른다.

⑤ 베었을 때: 묽은 에탄올로 소독하고 거즈 등을 이용하여 지혈하도록 한다.

⑥ 시약이 피부에 묻었을 때: 진한 황산과 같은 약품이 피부에 묻었을 경우, 즉시 다량의 물로 씻은 후 중탄산나트륨 용액으로 씻어낸 다음 다시 물로 씻은 후에 건조시켜 아연화 연고를 바른 다음 의사의 지시를 따른다. 또한 브롬이 피부에 묻었을 경우 글리세린을 다량 바르고, 문질러 반응한 후에 다시 물로 닦아내고 아연화 연고를 바른다.

⑦ 눈에 약품이 들어갔을 경우: 산이 눈에 들어갔을 때는 묽은 중탄산나트륨 용액으로 씻고, 알칼리가 들어갔을 때는 묽은 붕산 세안액으로 씻어 중화시킨다. 그 다음에 즉시 손으로 물을 떠서 충분히 눈을 씻거나 고무관을 이용하여 수돗물을 충분히 흘러내려 씻은 후 의사의 지시에 따른다.

⑧ 눈에 유리조각이 들어갔을 경우: 눈을 절대로 문질러서는 안 되며, 흐르는 물로 씻어낸 후에 의사의 지시를 따른다.

⑨ 시약을 마셨을 경우: 손가락을 입에 넣어 토하도록 하고, 병원으로 옮겨서 의사의 응급처치를 받도록 한다.

⑩ 절상이 발생한 경우(골절): 에탄올로 소독한 후에 항생물질 연고를 바르고 붕대를 감는다.

4) 실험기기 및 기구들

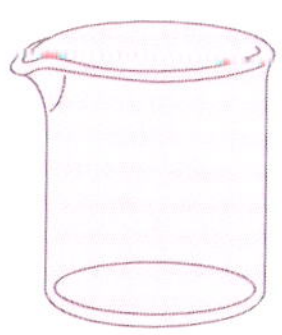

비커
(beaker)

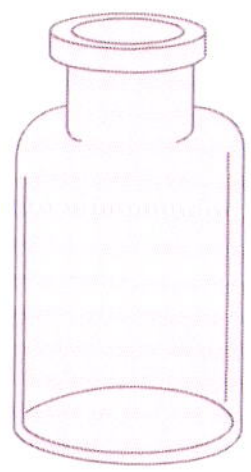

기체를 모으는 병
(gas collecting bottle)

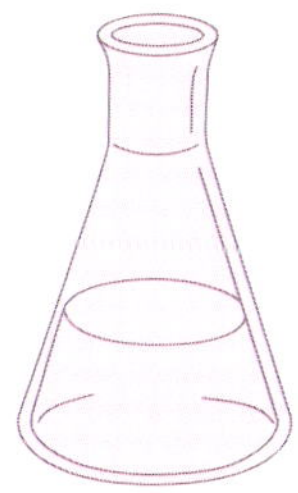

삼각 플라스크
(erienmeyer flask)

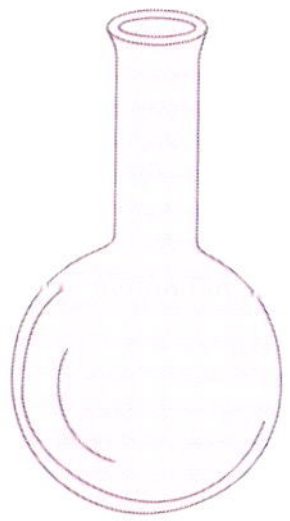

넓적바닥 플라스크
(florence flask)

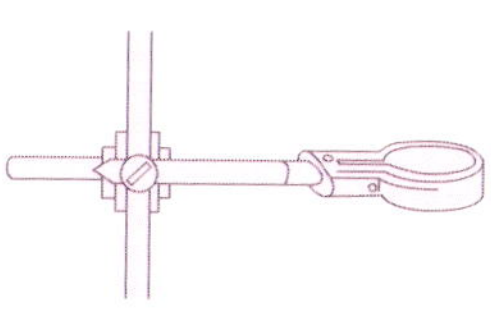

잡이
(clamp)

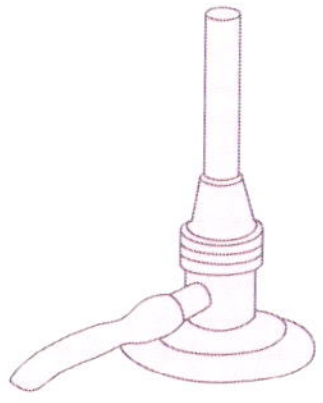

버너
(burner)

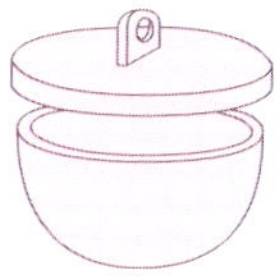

도가니 및 뚜껑
(crucible and cover)

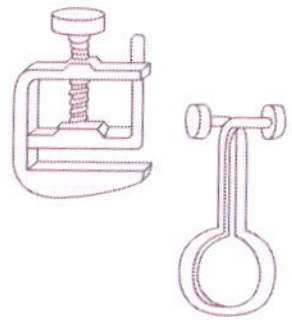

클램프
(piech clamp)

삼각줄
(triangular file)

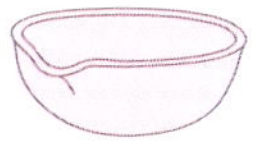

증발접시
(erraporating dish)

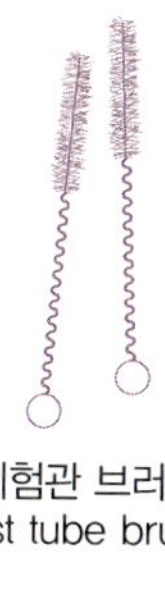

시험관 브러시
(test tube brush)

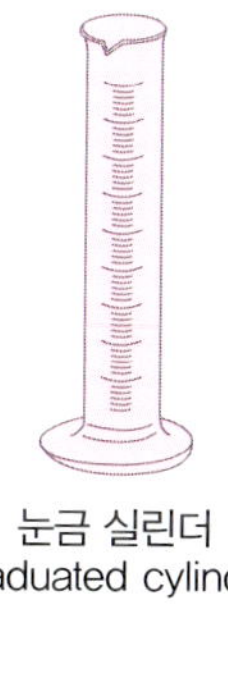

눈금 실린더
(graduated cylinder)

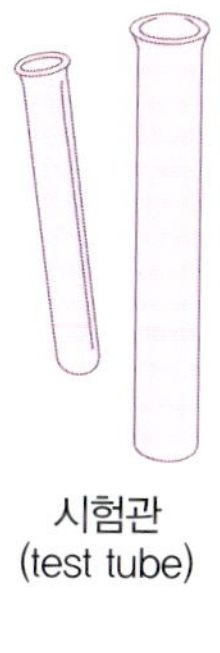

시험관
(test tube)

족집게
(forceps)
쇠그물
(wire ganze)
불꽃펴기
(wing top)
리트머스 종이
(litmus paper)
시험관 집게
(test tube holder)
시약을 넣는 관
삼각석쇠
(triangle)
도가니집게
(crucible tong)
잡이
(clamp)
깔때기
(funnel)
막자사발 및 막자
(mortar and pestle)
약주걱
(spatula)
연소용 숟가락
(deflagrating spoon)
기계접시
(watch glan)
물통
(water through)
거압거름 플라스트
(vacuum filter flask)
시약병
(reagemt bottle)
구멍뚫이
(cork borer)
피펫
(pipet)
뷰렛
(buret)
건조판
(drying tube)
Buchner 깔때기
(Buchner funnel)
화학저울
(chemical balance)

5) 일반조작

(1) 전자식 분석용 저울에 의한 칭량

전자식 분석용 저울(electronic analytical balance)을 이용하여 물체나 시료를 간편하게 칭량하고자 할 때의 순서는 다음과 같다.

① MODE를 눌러 사용할 칭량단위를 선택한다.
② ON TARE를 눌러 제로(0)가 표시되도록 한다.
③ 칭량할 물체나 시료를 접시(pan) 위에 올려놓는다.
④ 안정표시(stability indicator)가 나타날 때까지 기다린 후 표시판의 중량을 읽는다.

※ 전자식 분석용 저울의 취급상 주의사항

① 저울은 부식성 가스가 발생하지 않고 직사광선이 들어오지 않는 건조한 방에 설치하는 것이 좋으며, 튼튼한 콘크리트대 위에 수평으로 놓는다.
② 사용할 때는 천칭에 부착되어 있는 level(수평계)의 기포가 중앙에 오도록 조절한다.
③ 방습을 위하여 $CaCl_2$, 진한 H_2SO_4, 실리카젤 등을 적당한 용기에 담아서 천칭 안에 비치한다.
④ 천칭실 내에는 약품, 기구 등을 놓지 말고 항상 깨끗이 하여야 하며, 가까운 곳에 난방시설을 설치해서는 안 된다.
⑤ 시료는 시계접시나 칭량병에 넣어서 칭량하며 직접 접시에 접촉시키지 않는다.

(2) 부피 측정

식품성분 분석실험에서는 일정 용량의 용액을 채취 또는 조제하거나 사용한 액체의 부피를 측정할 경우가 많다.

① 메스실린더(measuring cylinder): 메스실린더는 원통형의 눈금을 가진 용출용기로서 눈금실린더라고도 한다. 메스실린더는 피펫이나 뷰렛에 비해서 그 정밀도가 4~8배가량 부족하기 때문에 정확도를 필요로 하지 않는 경우에 사용한다. 측정 시에는 수직으로 세우고 액체를 부은 다음 액면의 높이를 원통 면에 새긴 눈금으로 읽어 부피를 잰다.

② 뷰렛(burette): 뷰렛은 아래쪽의 막는 밸브를 통하여 옮긴 액체의 부피를 측정할 수 있도록 눈금이 있는 정밀하게 제작된 유리관이다. 눈금실린더보다 더 정확한 측정이 필요한 경우에 많이 사용되며, 일반적으로 뷰렛은 동일한 굵기의 관에 1/10 mL마다 눈금을 그어 놓았다.

③ 피펫(pipette): 피펫은 용액을 일정량 옮길 때 사용하는 기구로 실험실에서 가장 흔하게 쓰는 것 중 하나이다. 보통 스포이트라고 알고 있는 끝에 고무 달린 유리관도 간단한 피펫의 종류이다. 스포이트는 보통 눈금이 따로 그려져 있지 않기 때문에 용액을 옮기는 용도로만 사용되며, 정밀한 실험을 위해서 사용되는 도구로는 마이크로 피펫이라는 것이 있다. 마이크로 피펫은 한 눈금의 단위가 수~수십 μL 정도 된다. 피펫에는 whole pipette과 mess pipette의 두 종류가 있다. 액체를 취할 경우 피펫 필러를 이용하여 액체가 눈금 위까지 올라오게 한 후에 피펫 필러를 조절하여 액체가 조금씩 흘러나오게 하여 원하는 눈금에 액체의 경계를 맞춘 후 반응 용기로 옮긴다.

④ 메스플라스크(measuring flask): 메스플라스크는 표준용액의 조제 및 정량의 목적으로 용액량을 일정하게 하기 위해서 사용하는 기구이며, 용기 중에서 화학반응이 일어나지 않도록 해야 한다. 이 기구를 사용할 때에는 반드시 비커 등을 사용하여 미리 용질을 용해하여야 하며, 메스플라스크 안으로 서서히 넣어서 눈금까지 채운다.

2. 시료의 처리

1) 건조

건조란 공기 중에 방치하거나 가열 및 건조제에 흡수 또는 반응 등에 의한 수분을 함유한 물질로부터 물을 제거하는 조작이다. 건조에는 공기 중에 방치하여 자연적으로 말리는 풍건이나 전열건조기를 이용하는 것도 적지 않지만, 일반적으로 실험실에서는 건조제(실리카젤 등)를 이용하여 데시케이터(desicator) 안에서 수분을 제거한다.

2) 가열

가열은 직화에 의한 가열과 간접적인 가열로 나눈다. 직화에 의한 가열은 석면망 위에 플라스크를 장치하고 가열하는 방법으로 석면망을 사용하면 가열에 의해 플라스크가 파손되지 않는다. 간접적으로 가열하는 방법으로는 수욕(water bath: 물을 사용한 가열법), 유욕(oil bath: 기름을 사용한 가열법), 사욕(sand bath: 모래를 사용한 가열법), 염욕(salt bath: 질산나트륨과 질산칼륨을 1:1의 비율로 혼합한 무기염류를 철로 만든 bath에 넣어 사용하는 가열법), 금속욕(metal bath: 금속을 사용하는 가열법) 등의 방법이 있다.

3) 냉각

자연냉각은 시료를 실내에 방치하거나 교반하면서 냉각을 시키는 것이고, 인공냉각은 물 · 얼음 · 한제(freezing mixture)을 사용하거나 기체 및 증기를 이용한 냉각법이다.

4) 여과

여과는 고체와 액체의 혼합물을 분리하는 조작을 말한다. 여과법에는 자연여과(상압여과), 감압여과, 가압여과 등으로 분류한다.

자연여과는 여과지(filter paper: 거름종이)를 사용하며, 거름종이를 책상 위에 놓고 포개 접은 후 다시 4등분으로 주름이 생기지 않게 단단히 눌러서 접는다. 일부를 겹친 채 주머니처럼 된 곳을 펼치면 원뿔 모양이 되며, 이것을 깔때기에 맞추어 밀착시키고 유리에 부착되도록 물로 적신다. 감압여과(vaccum fiteration)는 여액의 수기 내를 감압하면 감압에 의해서 여과 중의 액면에 대기압이 가해져서 여과를 촉진하는 방법이다. 가압여과(pressure fiteration)는 압력을 가하면서 여과하는 조작이다. 보통 여과에서는 고체와 액체를 분리하기 어려운 콜로이드량의 입자 혹은 점성이 높은 액체 등을 여과 선별할 때 사용하는 방법을 말한다.

5) 증류

증류란 액체를 기화시켜 냉각시킨 후 다시 액체로 만들어 회수하는 것이다. 증류의 목적은 불순물을 제거하여 순수한 액체를 얻고, 두 종류 이상의 액체혼합물 또는 고체가 용해되어 있는 용액으로부터 분리를 하는 것이다.

6) 추출

액체 용매를 사용하여 액체 또는 고체 중에서 특정한 물질을 분리해서 꺼내는 조작을 말한다.

3. 정량분석의 개념

1) 퍼센트 농도(percentage, %)

용액 100 g 속에 포함된 용질의 g수로 표시한 농도를 말한다.

$$\% = \frac{\text{용질의 중량}}{\text{질량의 중량} + \text{용매의 중량}} \times 100$$

2) 몰 농도(molar concentration)

용액 1 L(1,000 mL) 속에 포함된 용질의 mole수로 표시한다. 단위는 M을 사용하며, 1 M은 용질의 분자량(moleculer weight)에 g을 붙인 값을 말한다.

3) 노말 농도(normal concentration)

용액 1 L(1,000 mL) 속에 포함된 용질의 당량수를 말하며, 규정농도라고도 한다. 산, 염기, 산화제 그리고 환원제 등의 농도를 표시에 사용된다. 단위는 N으로 표시한다.

4. 보고서 작성 요령

① 실험과제명

② 학과, 학번, 이름, 요일, 날짜 등을 기록할 것

③ 실험원리 및 목적

④ 준비물: 실험기구 및 시약
⑤ 실험과정, 방법 및 기구의 그림도 그릴 것
⑥ 실험결과 및 이에 대한 토론

5. 보고서 형식

( ) 학과 학번 ( ) 이름 ( )

Title	
Objective	
Principle	
Reagents and apparatus	
Procedure	
Result	
Discussion	
Reference	

easy to understand

제2장

탄수화물

제2장 탄수화물

1. 탄수화물의 정의

탄수화물(carbohydrates)은 당질(glucoside)이라고도 부르며, 탄수화물의 일반식은 $C_n(H_2O)_n$이다. 현재는 구조적 정의에 따라 더 확대되어 알데히드(aldehyde), 케톤(ketone), 산, 다가알코올이나 그들의 유도체 또는 축합체 등을 포함시켜 당질 혹은 탄수화물이라 총칭하는데, 식품분석표에서는 당질과 섬유를 합하여 탄수화물이라 한다.

2. 탄수화물의 분류

1) 단당류(monosaccharide)

탄수화물 중 포도당(glucose), 과당(fructose)과 같이 탄소 3~7개로 구성되어 있는 것들을 단당류(monosaccharide)라고 한다. 탄소의 개수에 따라 3탄당(triose), 4탄당(tetrose), 5탄당(pentose), 6탄당(hexose), 7탄당(heptose)로 분류한다. 포도당과 과당, 갈락토오스(galactose)는 6탄당에, 리보오스(ribose)와 자일로오스(xylose)는 5탄당에 해당한다. 단당류들이 모여서 올리고당, 덱스트린, 전분 등의 다당류(polysaccharide)를 구성하며, 이런 단당류는 에테르결합(ether bond)을 통해 더 큰 복합체를 만든다.

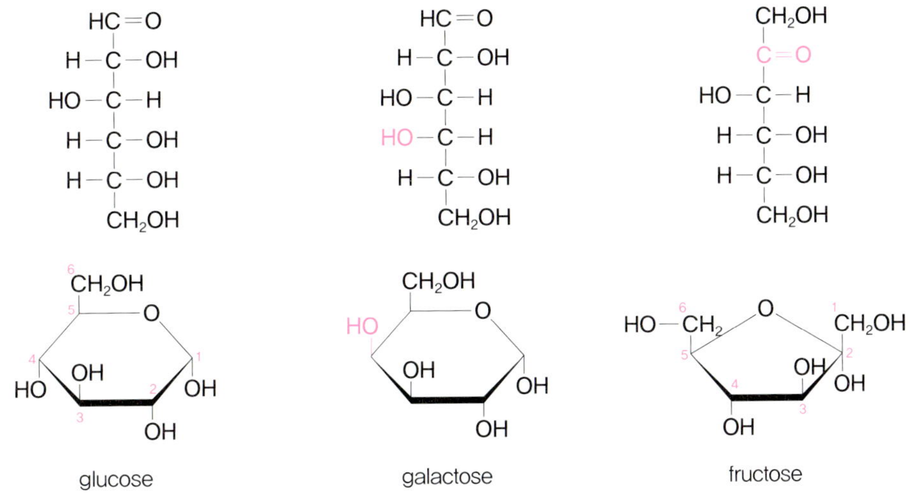

그림 2-1 단당류의 구조

2) 이당류(disaccharides)

가수분해될 때 두 개의 구성단위로 분해되는 당류를 이당류라 한다. 이당류에는 설탕(sucrose), 맥아당(maltose), 유당(lactose) 등이 있다. 설탕은 포도당과 과당이 결합한 당으로 채소나 과일의 액즙에 많고, 특히 사탕수수, 사탕무에 많이 함유되어 있다.

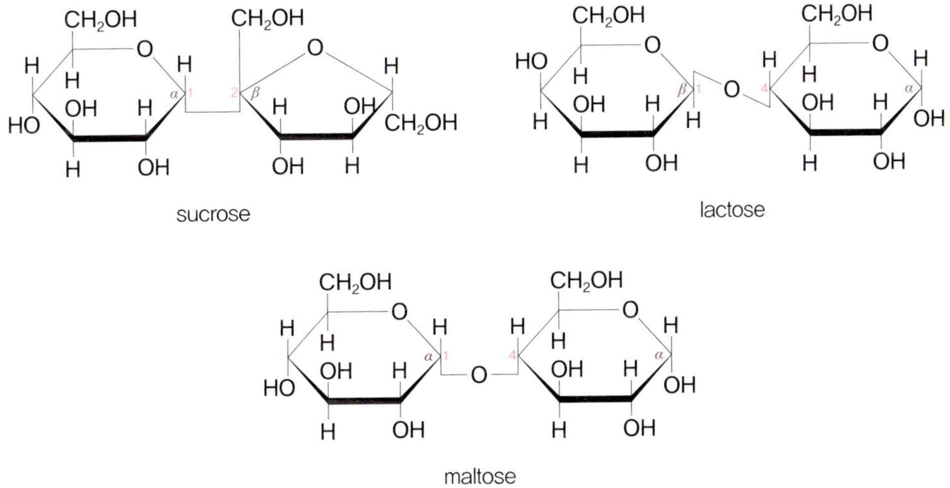

그림 2-2 이당류의 구조

맥아당은 보리에서 맥아가 발아할 때 생성되며, 2분자의 포도당으로 구성되어 있다. 유당은 동물의 젖 속에 많으며, 물에 잘 녹지 않고 소화도 느리다. 또 장내에서 유용한 세균의 발육을 왕성하게 하여 정장작용을 하며, 칼슘의 흡수와 이용률을 향상시키는 기능이 있다.

3) 올리고당류(oligosaccharide)

3개 이상 5~6개의 단당류로 구성된 당류이다. 당단백질이나 당지질의 구성성분으로서 세포 내에서는 주로 생체막에 부착되어 있고, 소포체와 골지체 등의 분비형 단백질과 결합되어 있다. 올리고당은 집합명사이며, 올리고당에는 프럭토올리고당(fructo-oligosaccharide), 이소말토올리고당(isomalt-oligosaccharide), 갈락토올리고당(galacto-oligosaccharide), 말토올리고당(malto-oligosaccharide), 자일로올리고당(xylo-oligosaccharide), 혼합올리고당(mixed-oligosaccharide) 등이 있다.

4) 다당류(polysaccharide)

다당류는 에너지의 저장 형태이거나 식물의 구조를 형성하는 물질로 가수분해될 때 많은 수의 단당류가 형성되는 당류이다. 구성 단당류가 한 종류인 다당류를 단순다당류(homopolysaccharide), 그 외 다른 여러 가지가 혼합되어 있는 다당류를 복합다당류(heteropolysaccharide)라고 한다. 단순다당류에는 전분(starch), 셀룰로오스(cellulose), 글리코겐(glycogen) 등이 있으며, 복합다당류에는 헤미셀룰로오스(hemicellulose)와 펙틴(pectin) 등이 있다.

3. 탄수화물의 생리적 기능

1) 인체의 에너지 공급원

탄수화물은 체내에서 1 g당 4 kcal의 에너지를 내며, 특히 뇌와 신경조직은 포도당만을 에너지원으로 이용하기 때문에 탄수화물의 섭취는 매우 중요하다. 성인의 체내에는 약 300~350 g의 탄수화물이 저장되어 있는데, 그 대부분이 글리코겐으로서 100 g

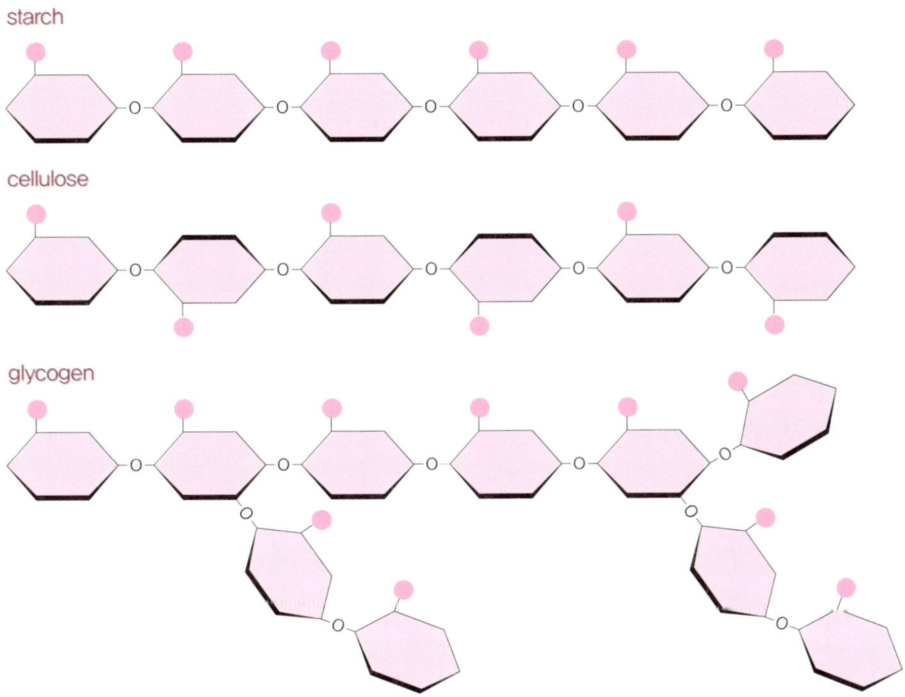

그림 2-3 전분(starch), 셀룰로오스(cellulose) 글리코겐(glycogen)의 구조

정도는 간에, 200~250 g은 심장, 연조직 및 골격근육에 글리코겐의 형태로 저장되어 있으며, 약 15 g은 혈액과 세포외액에 포도당으로 존재한다. 혈당(blood glucose)은 혈액 중 항상 0.1 mg% 전후로 유지되도록 조절되는데, 혈당이 낮으면 췌장에서 글루카곤(glucagon)을 분비하여 간에서의 포도당 분해를 촉진시켜 혈류 중에 포도당을 방출하도록 한다. 혈중으로 빠져 나온 포도당은 혈류를 통해 골격근이나 신진대사를 위해 포도당을 필요로 하는 다른 기관으로 운반된다. 그러나 혈당 수준이 높으면 반대현상이 일어나며, 이때 인슐린이라는 호르몬의 도움으로 포도당은 간이나 조직으로 흡수된다. 포도당이 간으로 흡수되면, 포도당은 신진대사에 사용되거나 글리코겐 합성과정에 의해 글리코겐으로 전환될 수 있다. 글리코겐으로 전환된 후에는 간에 저장된다.

2) 단백질 절약작용

체내에서 단백질을 에너지원으로 사용할 정도로 탄수화물이 부족한 상태는 일반적으로 반 기아상태나 장시간 운동으로 체내에 저장된 글리코겐이 고갈된 상태를 말한다.

이와 같이 탄수화물 저장량이 감소하면 지방의 글리세롤(glycerol)이나 단백질로부터 당신생(gluconegenesis) 과정을 통해 포도당이 합성되며, 이 과정에 의해 생성된 포도당은 글리코겐이 고갈된 상황에서 탄수화물 이용을 가능하게 한다. 당신생 과정은 순간적으로 단백질(특히 근육단백질)을 많이 감소시키는 작용을 한다. 극단적인 경우에는 이 과정에 의해 체지방 조직을 감소시키며, 단백질 분해의 부산물인 질소 함유 물질을 많이 생성시킴으로써 신장에서의 배설기능에 부담을 주기도 한다. 그러므로 충분한 탄수화물 섭취와 이용은 조직의 단백질을 유지시키고 보호하는 데 도움을 준다.

3) 지질대사 조절

탄수화물을 적게 섭취하거나 당뇨병, 기아상태에서는 에너지원으로 지질을 분해하여 사용하게 된다. 즉, 탄수화물 섭취가 적으면 인슐린 분비가 감소하여 지방이 분해되면서 아세틸 CoA가 다량 생성되지만 포도당으로부터 생성되는 옥살로아세트산(oxaloacetate)이 없으므로 TCA 회로로 들어갈 수 없어서 간에서 지방산 산화가 불완전하게 된다. 이때 생성된 아세틸 CoA는 아세토아세트산(acetoacetate), β-히드록시뷰티르산(β-hydroxybutyric acid), 아세톤(acetone) 등의 케톤체를 다량 생성해 혈액과 조직에 축적하게 되며, 이를 케톤증(ketosis)이라고 한다. 케톤증을 방지하기 위해서는 하루에 50~100 g의 탄수화물 섭취가 필요하다.

4) 섬유소 공급

식이섬유는 장을 자극하여 연동작용을 활발하게 해주며, 채소나 곡류에 많이 들어 있는 불용성 섬유소는 수분과 결합하여 다른 물질을 흡착하는 성질이 있어서 변의 용량이 커지고 부드러워져 체외로 빨리 배설시킨다. 또한 과일과 콩류에 주로 들어 있는 수용성 섬유소는 콜레스테롤의 체내 흡수를 저해하고 당의 흡수를 지연시켜 식사 후 급격한 혈당 상승을 예방한다.

실험 2-1

Fehling 시험

1. 실험원리

Fehling 반응은 2가의 구리이온(Cu^{2+})이 탄수화물의 알데히드와 반응하여 적갈색의 침전물인 산화제일구리(Cu_2O)를 형성하는 것으로 당류의 환원성에 기초를 둔 반응이다. 반응식은 다음과 같다.

$$RCHO + 2Cu^{2+} + NaOH + H_2O \longrightarrow RCOONa + Cu_2O\downarrow + 4H^+$$

2. 시약 및 기구

① Fehling A: $CuSO_4 \cdot 5H_2O$ 34.64 g을 물에 녹여 500 mL로 한다.

② Fehling B: 주석산나트륨칼륨(Rochelle염, $KNaC_4H_4O_6 \cdot 4H_2O$) 173 g과 NaOH 65 g을 물에 녹여 500 mL로 한다.

③ Fehling 용액: 사용할 때는 위의 A액에 같은 양의 B액을 가하고 잘 혼합하여 사용한다.

④ 시험관

3. 실험방법

시료당 용액 1 mL를 시험관에 취하고 Fehling액 4 mL를 가하여 끓는 물 속에서 10분간 가열하면 Cu_2O의 적색 침전이 생성된다. 침전의 입자가 미세하면 황색~등색을 나타내고, 입자가 클 때는 적색을 나타낸다. 이 반응에서 포도당은 1 mL 중 약 0.01 mg까지 검출되며, 또한 환원당의 종류에 따라 환원속도가 다르다. 만일 시료액이 강산성인 경우에는 미리 중화시켜야 하고, 또 시료액 중에 당량이 적을 때는 과잉의 알칼리에 의하여 당이 분해되기 때문에 소량의 시약을 사용하여야 된다. 또 암모늄염이 공존할 때는 Cu_2O를 용해시키므로 미리 알칼리를 약간 과잉으로 가하고 2~3분간 가열하여 암모니아로 만들어 날려 보낸 다음 시험하여야 한다.

4. 실험결과

가열 전과 가열 후의 변화	색의 변화
	푸른색 → 적갈색

(　　　　　　　　　　　　　　) 학과　　학번 (　　　　　　　　　　　　　　) 이름 (　　　　　　　　　　　　　　)

Title	
Objective	
Principle	
Reagents and Apparatus	
Procedure	
Result	
Discussion	
Reference	

실험

2-2 DNS(dinitrosalicylic acid)에 의한 비색법

1. 실험원리

환원당은 알칼리성에서 3,5-dinitrosalicylic acid의 NO_2를 NH_2기로 환원(3-amino, 5-nitrosalicylic acid)시켜 적갈색을 띠게 한다. 이 색소를 이용하여 비색정량하는 방법으로 조작이 간단하고 신속히 할 수 있으므로 많은 시료를 일시에 정량할 수 있는 장점이 있다.

2. 시약 및 기구

① 표준 당용액: glucose 10 mg/mL

② A용액: 4.5% NaOH용액 300 mL에 1% 3,5-dinitrosalicylic acid(DNS) 용액 880 mL를 혼합하고 이 혼합액에 주석산칼륨나트륨(Rochelle염) 255 g을 용해한다.

③ B용액: 10 g의 결정 phenol을 10% NaOH용액 22 mL에 용해하고, 물을 가하여 100 mL로 만든 다음, 이 용액 69 mL에 황산수소나트륨($NaHSO_3$) 6.9 g을 녹인다.

④ DNS 시약: A용액과 B용액을 혼합하고 갈색병에 넣어 보관한다.

⑤ 분광광도계

⑥ 항온수조

⑦ 시험관

⑧ 피펫

3. 실험방법

시료 1 mL 중에 0.2~2 mg의 당을 함유하도록 시료를 증류수로 희석한다. 시험관에 시료 희석액, 증류수, DNS 시약을 차례로 넣어 총 2 mL이 되도록 하여 잘 섞은 후 수욕상에서 5분간 끓이고 냉각한다. 시료 대신 물 1 mL를 같은 방법으로 처리한 것을 공시험구로 하여 550 nm에서 흡광도를 측정하여 미리 구한 표준곡선(그림 2-4)에서 당의 양을 구한다.

4. 실험결과

시료의 환원당량은 표준용액 곡선(그림 2-4)에서 계산한다.

표 2-1 포도당 함량을 다르게 한 실험절차

시험관 번호	1	2	3	4	5	6	7
포도당	STD	STD	STD	STD	STD	STD	sample
표준용액	20 μL	40 μL	60 μL	80 μL	100 μL	200 μL	0.1 mL
증류수	980 μL	960 μL	940 μL	920 μL	900 μL	800 μL	0.9 mL
DNS 시약	1 mL	1 mL	1 mL	1 mL	1 mL	1 mL	1 mL
Total	2 mL	2 mL	2 mL	2 mL	2 mL	2 mL	2 mL

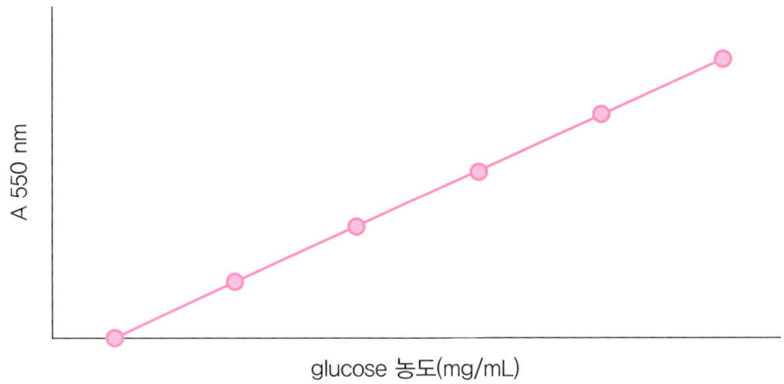

그림 2-4 포도당의 표준곡선

(   ) 학과   학번 (   )   이름 (   )

Title	
Objective	
Principle	
Reagents and Apparatus	
Procedure	
Result	
Discussion	
Reference	

실험

2-3 Pectin의 정량(알코올침전법, 펙틴산 칼슘염법)

1. 실험원리

1) 알코올(alcohol) 침전법

Pectin질을 95% ethanol을 가해 침전시킨 후 증발 건조하여 조펙틴(crude pectin)을 구하고, 이것을 회화하여 회분량을 제하여 펙틴량으로 한다.

2) 펙틴산 칼슘염(calcium pectate)법

Pectin질을 95% 초산(acetic acid) 산성하에서 염화칼슘($CaCl_2$)으로 펙틴산 칼슘(calcium pectate)의 침전을 형성시킨 다음 건조 칭량하여 pectin의 함량을 구하는 방법이다.

2. 시약 및 기구

1) 알코올(alcohol) 침전법

① 95% ethanol

② 자제증발접시(porcelain evaporating dish)

③ 수욕(water bath)

④ 전기회로

2) 펙틴산 칼슘염(calcium pectate)법

① 95% ethanol

② ethyl ether

③ HCl

④ 환류냉각기

⑤ 메스플라스크

⑥ 0.1 N- NaOH 용액

⑦ 1 N-초산(acetic) 용액

⑧ 0.1 M-$CaCl_2$ 용액

⑨ 2 M-$CaCl_2$ 용액

3. 실험방법

1) 알코올(alcohol) 침전법

과실이나 잼류 등의 시료를 유발(막자사발)에 잘 갈아서 150 g을 1 L의 비커에 취하고, 물 50 mL을 가하여 시계접시로 덮은 채 1시간가량 조용히 끓인다. 이것을 메스플라스크에 옮기고 물을 가해서 1 L로 하고 잘 흔들어서 여과한다. 여액 100 mL을 취해서 농축하여 25~30 mL로 한다. 이것을 냉각하고 95% ethnaol 200 mL를 잘 흔들면서 조용히 가해서 펙틴(pectin)을 침전시킨다. 충분히 침전시킨 후 미리 건조해서 칭량해 둔 직경 10 cm 정도의 백금접시 또는 자제접시에 여과지상의 침전물을 95% ethnaol 로 세척하고, 따뜻한 물로 침전을 완전히 세척하여 옮긴다. 수욕(water bath)상에서 완전히 증발건조하고, 100℃ 항온으로 건조해서 칭량한다(crude pectin). 이 crude pectin을 연소시켜 회분의 양을 구하고, crude pectin에서 회분량을 제하여 pectin의 양을 구한다.

2) 펙틴산 칼슘염(calcium pectate)법

(1) 시료의 전처리

시료에 뜨거운 95% ethnaol을 가하고(이때 alcohol의 농도가 70%이상 되게 한다) 끓인 후 여과하며 95% ethnaol로 몇 번 세척하고 ether로 탈수건조한다. 과실이나 과즙 및 채소는 그대로 시료로 사용하여도 좋다.

(2) 추출

① 총 pectin: 시료 약 5 g(건물로)을 정확하게 칭량하여 300 mL의 플라스크에 넣고 HCl의 농도가 0.05 N이 되도록 HCl을 가하고, 물을 가하여 전량이 100 g이 되게 한다. 이것에 한류냉각기를 부착하고 1시간 끓인 후 냉각하여 250 mL의 메스플라스크에 넣고 물로 정용(부피를 일정하게 유지)한 후 여과하여 그 여액을 정량시료로 한다.

② 수용성 pectin: 시료 약 5 g(건물로)을 정확하게 칭량하여 200 mL의 플라스크에 넣고 물을 가하여 전량이 100 g이 되게 한다. 때때로 교반하면서 30℃에서 수시간 방치하여 추출하고, 이것을 250 mL의 메스플라스크에 옮겨 물로 정용하고 여과한 후 그 여액을 정량시료로 한다.

③ 정량: 위의 추출액 ①, ②의 일정량(pectin이 calcium pectate로서 25 mg 전후 함유되게 하는 것이 좋다)을 1 L의 비커에 취하고 물을 가하여 약 300 mL가 되게 한다. 여기에 0.1 N-NaOH 용액 100 mL를 가하여 잘 교반하고, 하룻밤 방치하여 검화시킨다. 1 N-초산 용액 50 mL를 가하여 5분간 방치하고, 0.1 M-$CaCl_2$ 용액 25 mL, 이것에 2 M-$CaCl_2$ 용액 25 mL를 떨어뜨려 잘 교반하고, 1시간 방치한 후 5분간 끓인다. 끓인 액을 여과지(Toyo, No.2)로 여과하고, 염소반응이 나타나지 않을 때까지 끓는 물로 세척한다. 여과지 위의 침전을 비커에 끓는 물로 세척하여 넣는다. 수분간 끓인 후 정확히 칭량하여 놓은 유리여과기(1G-2)로 침전물을 여과하고, 이것을 85℃에서 12시간 건조시킨 후 칭량하여 펙틴산 칼슘(calcium pectate)의 양으로 한다.

4. 실험결과

1) 알코올(alcohol) 침전법

$$\text{펙틴}(\%) = \frac{\text{조펙틴(g)} + \text{회분(g)}}{\text{시료 무게}} \times 100$$

(　　　　　　　　　　　　　　) 학과　　학번 (　　　　　　　　　　　　　　　)　이름 (　　　　　　　　　　　　)

Title	
Objective	
Principle	
Reagents and Apparatus	
Procedure	
Result	
Discussion	
Reference	

easy to understand

제3장

단백질

제3장 단백질

1. 아미노산의 정의

아미노산(amino acid)은 단백질의 구성 기본단위로 분자 중에 아미노기($-NH_2$), 카르복실기(-COOH), 수소 원자(-H)와 곁사슬기(-R)로 구성되어 있다(그림 3-1). 이들은 모두 α-탄소에 아미노기와 카르복실기가 결합되어 있고, L형과 D형의 광학이성질체가 있다. 천연 단백질 내의 아미노산은 모두 L형의 아미노산으로 생체 내 세포는 입체특이적인 효소에 의해 L형의 아미노산을 합성하는 능력이 뛰어나다.

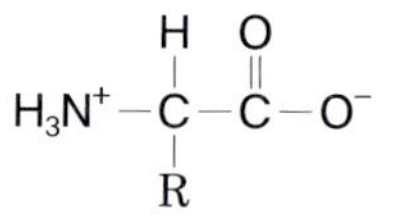

그림 3-1 아미노산의 일반적 구조

2. 아미노산의 종류

아미노산은 가지고 있는 곁사슬기(side chain)의 성질에 따라 중성의 무극성, 중성의 극성, 산성, 염기성으로 분류한다(그림 3-2).

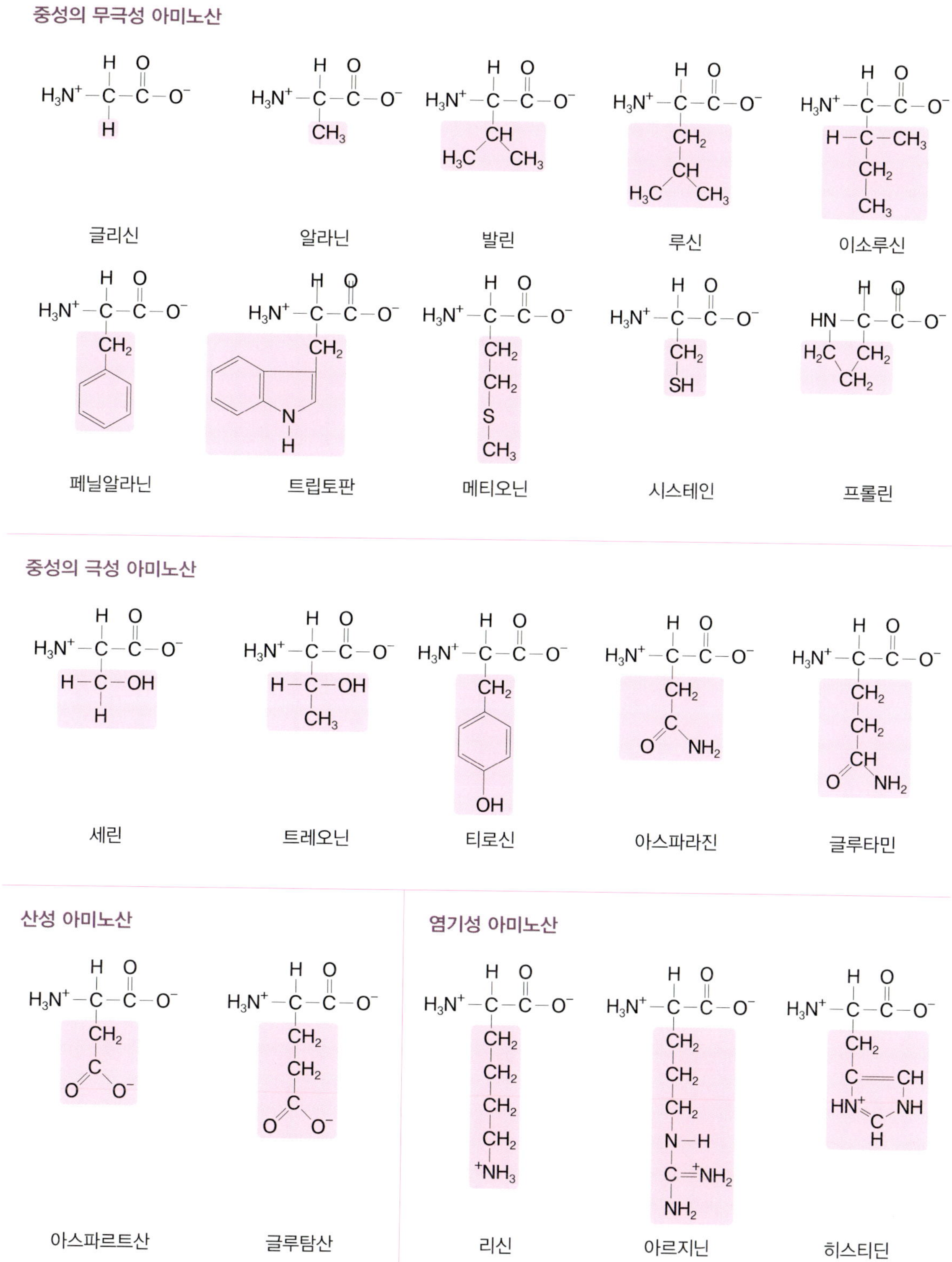

그림 3-2 아미노산의 종류

또한 아미노산은 필수 아미노산과 비필수 아미노산으로 나눌 수 있다. 성인이 필요로 하는 필수 아미노산은 8종으로 발린(valine), 이소루신(isoleucine), 루신(leucine), 트레오닌(threonine), 리신(lysine), 메티오닌(methionine), 페닐알라닌(phenylalanine), 트립토판(tryptophan)이며, 이들 외에 히스티딘(histidine)을 추가하기도 한다. 질소 평형을 유지하고 정상적인 성장이나 건강을 유지할 수 있을 정도로 생체 내에서 합성할 수 없거나 필요량을 충족시킬 수 없어서 음식을 통해 균형적으로 섭취하여야 한다. 기타의 아미노산은 비필수 아미노산이라고 하며, 다른 아미노산이나 당질, 지질대사 중간체로부터 합성된다.

3. 아미노산의 성질

아미노산은 물·묽은 산·염기에 용해되고, 알코올·에테르에 거의 용해되지 않으며, 융점이 200℃ 이상이다. 수용액 중에서 산성과 염기성 양쪽의 성질을 나타내며, 이러한 물질을 양성이온(dipolar ion) 또는 쯔비터 이온(zwitter ion)이라 한다. 아미노산의 전체 전하가 0으로 전기적으로 중성일 때의 pH를 등전점(isoelectric point, pI)이라고 한다. 등전점에서는 전체 전하가 0이기 때문에 아미노산은 물에 잘 용해되지 않는다.

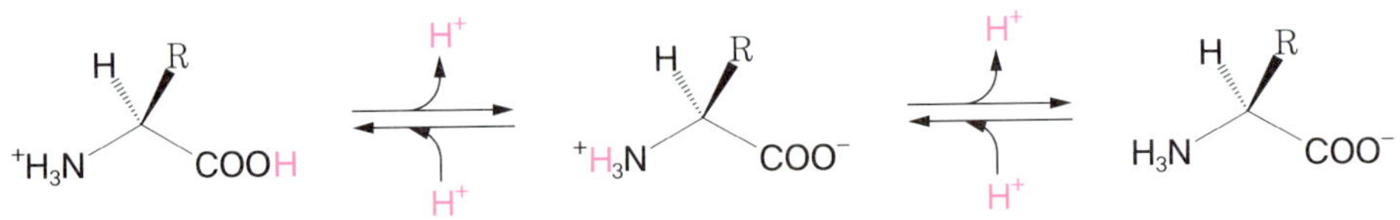

그림 3-3 양성이온(dipolar ion) 또는 쯔비터 이온(zwitter ion)

4. 펩티드결합의 형성

한 아미노산의 카르복실기(-COOH)와 인접한 아미노산의 아미노기($-NH_2$) 사이에 탈수축합반응을 하여 펩티드결합(peptide bond)을 형성한다(그림 3-4).

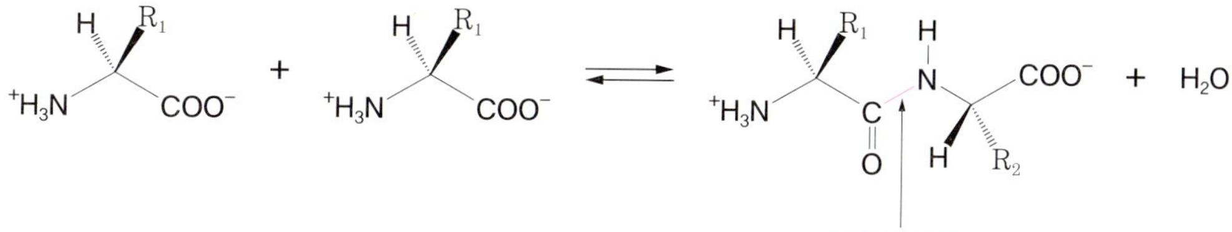

그림 3-4 펩티드결합의 형성

5. 단백질의 구조

단백질의 구조는 1차, 2차, 3차, 4차 구조로 나눌 수 있다(그림 3-5).

H_2N – Ala – Thr – Cys – Tyr – Glu – Gly – COOH　　A. 1차 구조 – 아미노산 계열

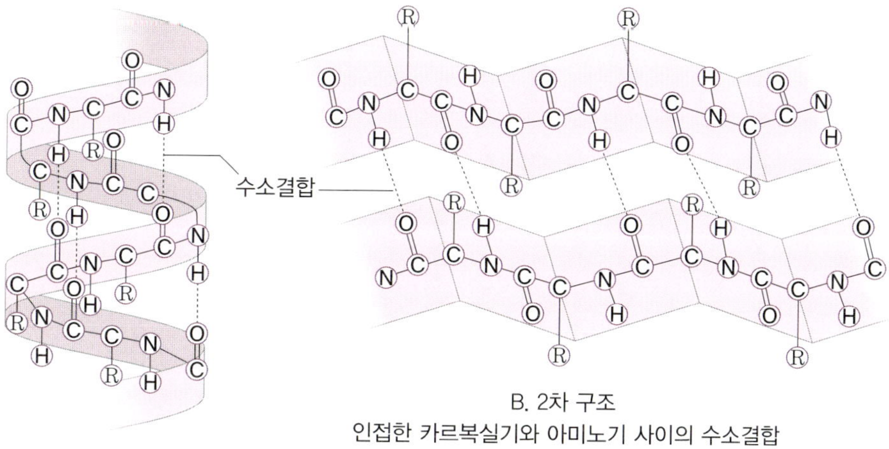

B. 2차 구조
인접한 카르복실기와 아미노기 사이의 수소결합

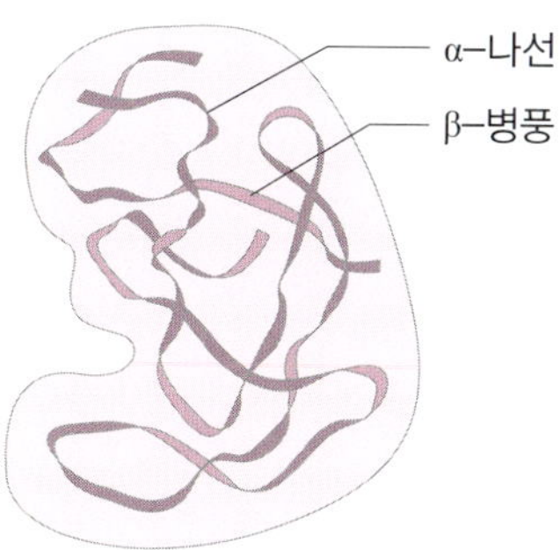

C. 3차 구조
R그룹 사이의 이황화결합과 이온결합,
R그룹과 물 사이의 상호작용

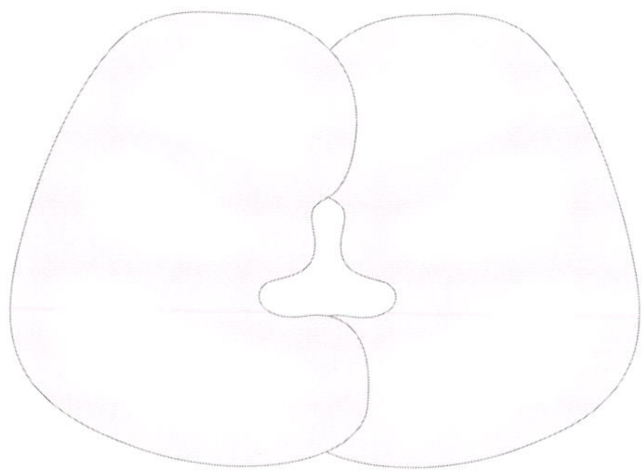

D. 4차 구조
분리된 폴리펩티드 사이의 수소결합과 이온결합

그림 3-5 단백질의 구조

① 1차 구조는 아미노산의 서열로 유전자에 의해 결정된다. 아미노산에 번호를 붙이는 경우 N-말단 아미노산의 번호를 1번으로 하고, C-말단 아미노산의 번호를 최종 번호로 한다.

② 2차 구조는 1차 구조인 아미노산 서열들이 수소결합, 반데르-발스결합 등의 결합력을 바탕으로 나선구조(α-helix) 혹은 병풍구조(β-pleated sheet)의 형태로 되어 있다.

③ 3차 구조는 폴리펩티드 사슬이 3차원 모형의 거대하고 복잡하게 형성된 구조이다. 3차 구조의 형태만으로 기능을 나타내는 단백질도 있다.

④ 4차 구조는 3차 구조 단위가 두 개 이상 모여서 이루어진 형태이다.

6. 단백질의 기능

단백질의 기능은 크게 7가지로 나눌 수 있다.

① 효소(enzyme): 단백질의 대표적인 기능으로서 생체 내 촉매작용이다. 우리 몸의 소화작용, 에너지 획득, 생합성과 같은 수많은 생화학 반응을 촉진하고 조절한다.

② 운반작용: 적혈구에서 산소를 운반하는 헤모글로빈(hemoglobin)과 생체막이나 세포 사이의 포도당, 아미노산, 이온 등의 물질이 통과할 수 있도록 하는 막단백질 등은 운반단백질로서의 기능을 갖는다.

③ 저장: 특정 물질이나 영양소를 저장하는 기능을 갖는 단백질도 있다. 대표적 저장단백질로는 유기질소의 공급원인 우유 속의 카제인(casein)과 철의 저장단백질인 페리틴(ferritin) 등이 있다.

④ 운동: 우리 몸의 근육 수축에 관여하는 액틴(actin)과 미오신(myosin) 등은 운동단백질의 일종으로 이 단백질이 없으면 정상적인 근육 수축이 일어나지 않는다.

⑤ 구조: 우리 몸의 여러 부분을 구성하는 구조단백질로서의 기능도 갖는다. 피부를 구성하고 탄력을 주는 기능을 하는 콜라겐(collagen), 엘라스틴(elastin)과 같은 단백질이나 누에고치를 형성하는 피브로인(fibroin)이 이에 속한다.

⑥ 방어능력: 체내에 외부 인자가 침입했을 때 세포를 방어하는 역할을 하는 단백질

도 있다. 면역계의 기본이 되는 면역글로불린(immunogloblin)과 혈액응고단백질(fibrinogen, thrombin) 등이 방어단백질의 대표적인 예이다.

⑦ 조절작용: 신체 여러 기능 및 분비 등을 조절하는 호르몬은 조절단백질로 인슐린(insulin), 글루카곤(glucaon) 등이 있다.

실험 3-1 뷰렛(Biuret)반응을 이용한 단백질의 정성반응

1. 실험원리

프로테오스, 펩톤, 펩티드 등의 단백질의 분해산물과 트리펩티드 이상의 펩티드만이 반응하며, 디펩티드 이하는 반응을 보이지 않는다. 단백질 용액을 알칼리성으로 처리한 다음 황산구리($CuSO_4$) 용액을 가하면 구리이온에 의해 착염을 형성하여 상대적으로 큰 분자량은 청자색을 나타내며 저분자량은 적자색을 나타낸다.

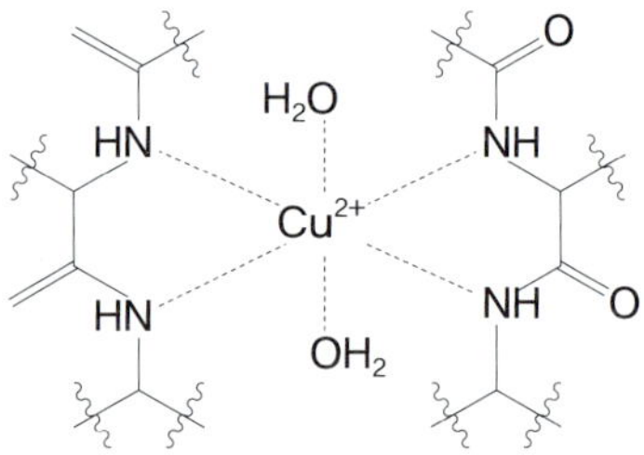

그림 3-6 구리이온에 의한 착염 형성

2. 시약 및 기구

① 시약: 증류수, 1% 알부민(albumin) 용액, 흰우유, 10% NaOH 용액 100 mL(NaOH 10 g + 증류수 90 mL, 발열반응이므로 주의), 1% $CuSO_4$ 용액 100 mL($CuSO_4 \cdot 5H_2O$ 1 g + 증류수 99 mL)

② 기구: 시험관 3개, 시험관 대, 스포이트

3. 실험방법

① 시험관에 각각 증류수, 흰우유, 1% 알부민 용액 2 mL를 넣는다.

② 각 시험관에 10% NaOH 용액 1 mL를 가한다.

③ 각 시험관에 1% $CuSO_4 \cdot 5H_2O$ 1 mL씩을 가하여 잘 섞은 후 색을 관찰한다(1~2방울 가하면 적자색을 나타낸다. 첨가량을 증가시키며 색의 변화를 관찰한다).

4. 실험결과

색의 변화를 관찰한다.

5. 주의사항

용액을 섞은 후 시간이 지나면 반응하지 않을 수 있으므로 실험이 지연되지 않게 한다.

(   ) 학과   학번 (   ) 이름 (   )

Title	
Objective	
Principle	
Reagents and Apparatus	
Procedure	
Result	
Discussion	
Reference	

실험 3-2 닌히드린(Ninhydrin)반응을 이용한 단백질의 정성반응

1. 실험원리

아미노기를 가진 화합물이 나타내는 정색반응으로 아미노산, 펩티드, 단백질, 아민류, 암모니아도 양성 반응을 나타낸다. 반응이 매우 예민하여 아미노산 및 단백질의 정성반응으로 널리 이용된다. 아미노기를 가진 화합물이 닌히드린 2분자와 반응하여 적자색 또는 청자색을 나타낸다. 단, 아미노산 중 프롤린(proline)은 황색을 나타낸다.

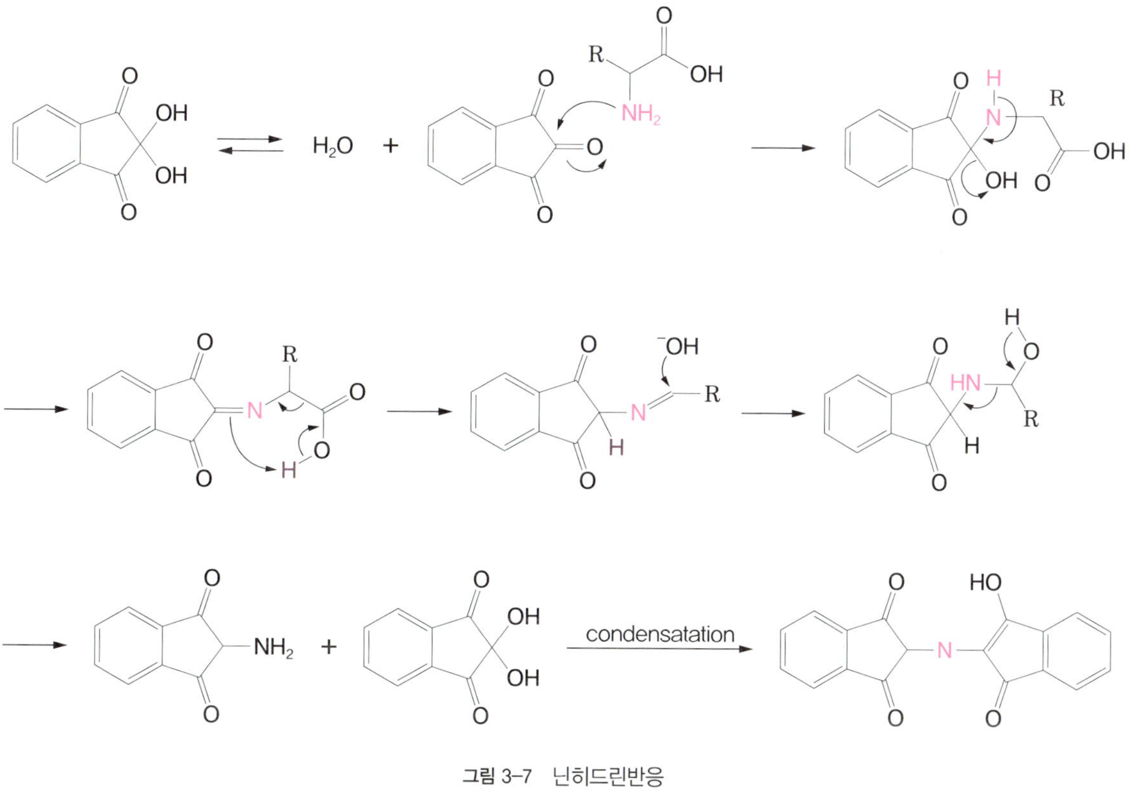

그림 3-7 닌히드린반응

2. 시약 및 기구

① 시약: 증류수, 1% 알부민(albumin) 용액, 흰우유, 1% ninhydrin 용액(ninhydrin 1 g + 증류수 99 mL, 빛에 민감하기 때문에 사용 직전에 제조)

② 기구: 시험관 3개, 시험관 대, 시험관 집게, 피펫, 스포이트, 가열기, 250 mL 비커

3. 실험방법

① 시험관에 각각 증류수, 흰우유, 1% 알부민 용액 2 mL를 넣는다.

② 3개의 시험관에 각각 1% ninhydrin 용액 1 mL를 가한다.

③ 2~3분간 물 중탕으로 가열하면서 색의 변화를 관찰한다(적자색 또는 청색).

4. 실험결과

관찰된 용액의 변화를 그림으로 표현한다.

( ) 학과 학번 ( ) 이름 ( )

Title	
Objective	
Principle	
Reagents and Apparatus	
Procedure	
Result	
Discussion	
Reference	

실험

3-3 우유로부터 casein의 분리

1. 실험원리

우유 속에 들어 있는 주된 단백질(전체 단백질의 80%)인 casein은 약 35 g/L 농도로 존재하며, 여러 단백질의 불균일한 혼합물이다. Casein은 칼슘 및 인산과 결합된 수용성이다. 한편 대부분의 단백질은 등전점에서 용해도가 가장 낮다. 이러한 성질을 이용하여 10% 아세트산 용액을 가하여 pH를 등전점인 4.8로 조절하면 casein을 분리할 수 있다.

2. 시약 및 기구

① 시약: 우유(각 조당 100 mL), 10% 아세트산 용액, 에탄올

② 기구: pH meter 또는 pH paper, 500 mL 비커, 250 mL 비커, 스포이트, 흡입여과기, 가열기, 온도계, 거름종이

3. 실험방법

① 250 mL의 비커에 100 mL의 우유를 넣고 물 중탕하여 40℃로 따뜻하게 한다.

② 10% 아세트산 용액(따뜻하게 한 것)을 서서히 가하면서 pH 4.8이 되도록 한다(pH meter나 pH paper로 확인).

③ 실온에서 약 5분 정도 방치한 후 침전물을 여과한다.

④ 소량의 물로 침전물을 씻고, 30mL의 에탄올로도 씻는다.

⑤ 건조 후 얻어진 casein을 측정한다. 3.5 g이 이론 수율이다.

4. 실험결과

분리된 가제인을 사진을 찍어 결과에 기록한다.

(   ) 학과   학번 (   )   이름 (   )

Title	
Objective	
Principle	
Reagents and Apparatus	
Procedure	
Result	
Discussion	
Reference	

easy to understand

제4장

지 질

제4장 지 질

1. 지질의 분류

지방질은 구조가 매우 복잡하고 여러 종류의 물질이 포함되어 있기 때문에 그 구조와 성질에 따라 분류하는 것이 일반적이다. 따라서 분류하는 기준에 따라 지방질은 여러 가지로 나눌 수 있다.

1) 원료에 의한 분류

동물체에서 유래한 동물성 지방질은 주로 포화지방산으로 구성되어 있으며, 상온에서 고체(지방, fat)이며, 식물체를 원료로 한 식물성 지방질은 불포화자방산을 많이 함유하고 있어 상온에서 액체(기름, oil)이다.

2) 비누화에 의한 분류

지방질은 알칼리에 의해서 가수분해 되는 지방질, 즉 비누화가 될 수 있는 지방질과 알칼리에 의해 가수분해되지 않는 지방질, 즉 비누화가 될 수 없는 지방질로 분류할 수 있다.

전자는 보통의 유지(fat and oil), 왁스류(waxes), 인지방질(phosphate) 등이 있고, 후자에는 스테롤류(sterols), 스쿠알렌(squalene) 등의 탄화수소와 지용성 비타민류를 포함한 일부의 탄화수소류, 카로틴(carotene)을 비롯한 일부의 지용성 색소가 포함된다.

3) 물리적 성상에 의한 분류

일반적으로 상온에서 액상인 것을 기름(oil)이라 하고, 고체인 것을 지방(fat)이라 한다.

① 건성유: 요오드가(iodine value)가 130 이상인 기름으로서 고도불포화 지방산의 함량이 많아 공기 중에 방치하면 산소를 흡수하여 기름 표면에 굳은 고체상태의 피막을 형성한다(들기름, 호두기름, 아마인유 등).
② 반건성유: 요오드가가 100～130인 기름으로서 공기 중에 방치하면 표면에 고체 상태의 피막을 아주 천천히 형성한다(참기름, 대두유, 미강유 등).
③ 불건성유: 요오드가가 100 이하인 기름으로서 공기 중에 방치하여도 표면에 고체의 피막을 형성하지 않는다(돼지기름, 쇠기름 등).

4) 구조에 의한 분류

(1) 단순지방질(simple lipide): 지방산과 알코올의 에스터 결합

① 중성지방질(neutral lipid): 지방산과 글리세롤의 에스테르(일반 식용유)
② 왁스류(waxes): 고급지방산과 고급 1가 알코올 에스테르
③ 스테롤 에스테르(sterol ester): 고급지방산과 스테롤의 에스테르

(2) 복합지방질(compound lipid): 지방산과 알코올의 에스터에 인산, 당 또는 다른 원자단이 결합한 것

① 인지방질(glycerophospho lipid): 지방산과 인산을 함유
② 당지방질(glycerogylco lipid): 지방산과 당을 함유
③ 스핑고지방질(sphingo lipid): 지방산과 스핑고신을 함유

(3) 유도지방질(derived lipid): 단순, 복합지방질의 가수분해 생성물

① 지방산: 카르복실기를 함유
② 지방족의 고급알코올: 알코올기 함유
③ 스테롤류: 스테로이드의 골격구조를 함유
④ 탄화수소: 스쿠알렌 및 카로틴 등이 속함
⑤ 지용성 비타민류: 비타민 A, D, E, K 등이 속함

5) 그 외 구성지방산 특성에 의한 분류가 있다.

2. 지질의 기능

1) 에너지원

지방은 체내에서 농축된 에너지의 급원이 되므로 매우 중요하다. 1 g의 중성지방 섭취는 9 kcal(38 KJ)의 높은 에너지를 공급하며, 지방조직에 저장되어 잠재적인 효율이 높은 에너지원이다. 지방은 당질 및 단백질에 비해 탄소 및 수소의 함유 비율이 높고, 산소의 함량이 낮아 체내에서 산화되는 비율이 높아 효과적인 에너지원이 된다. 따라서 지질 흡수불량 환자는 1일 40 g의 이상의 지질을 배설하므로 360 kcal(1,500 KJ) 이상의 에너지 손실을 가져온다.

2) 체구성 요소

체내에는 체중의 10～20% 이상의 지방이 각 조직에 분포되어 있어서 주요 내장기관을 보호하며, 열의 부도체로서 체온 유지에 적합하다. 지방질은 체지방 조직의 구성성분이며 세포막, 프로스타글란딘(prostaglandin)과 호르몬, 신경보호막, 비타민 D, 소화분비액의 구성성분이다. 인지질, 콜레스테롤, 당지질이 대표적인 세포막 구성성분으로 뇌, 신경, 간장 등 주요 기관에 존재한다. 이같은 세포막 구성성분이 되는 인지질은 에너지원뿐만 아니라 세포의 구조적 지지대 역할도 하며, 단백질과 같은 수용성 물질과 결합되어 있어서 혈액 내 지질의 운반에도 중요한 역할을 한다.

3) 대사 조절기능

(1) 영양소

지방산은 β-산화로 acetyl-CoA를 생성하므로 비타민 B_1을 필요로 하지 않는데 반하여, 탄수화물은 피루브산(pyruvate)을 경유하여 acetyl-CoA를 만들기 때문에 비타민 B_1을 필요로 한다. 따라서 에너지원으로 지방을 섭취할 때에는 당질을 주에너지원으로 할 때보다 비타민 B_1의 요구량을 절약할 수 있다. 탄수화물 및 지방질의 섭취량이 적을 때는 단백질이 에너지원으로 이용되는 양이 많아진다.

(2) 지용성 물질의 용매제

비타민 A의 전구물질로서 녹황색 채소에 많이 들어 있는 carotene은 흡수될 때 지질이 충분히 있지 않으면 잘 흡수되지 않는다. 따라서 carotene과 지용성 비타민(A, D, E, K)의 흡수가 정상적으로 일어나기 위해서는 지방으로부터의 에너지 섭취가 총 에너지 섭취의 10~15%는 되어야 한다.

(3) 필수지방산 공급

동물은 지방산을 생합성할 수 있으나 불포화지방산 합성에 제한이 있어서 methyl기 말단에서 3과 6의 위치에 이중결합이 있는 불포화지방산은 합성할 수 없다. 이렇게 정상적 성장과 건강의 유지에 필수적이며, 체내에서 합성되지 않는 지방산을 필수지방산이라 하는데, linoleic acid, linolenic acid 및 arachidonic acid가 이에 속한다. 이들은 모두 불포화지방산으로 참기름, 옥수수기름 및 면실유 등 식물성 기름에 많다. 즉, linoleic acid(C18:2, ω-6계)와 linolenic acid(C18:3, ω-3계)는 반드시 식사를 통해 공급되어야 한다.

3. 지단백질의 대사

지단백질 대사는 트리글리세라이드와 콜레스테롤 대사로 나눌 수 있다. 트리글리세라이드는 섭취된 음식에서 카일로미크론(CM: chylomicron) 형태로 흡수되거나 간에서 초저밀도 지단백질(VLDL: very low density lipoprotein)로 합성되는 두 가지 경로로 말초조직에 운반되어 에너지원으로 이용되거나 저장된다.

콜레스테롤 역시 음식물로의 섭취는 카일로미크론으로 간에서 합성된 것은 초저밀도지단백(VLDL)을 거쳐 저밀도지단백(LDL: low density lipoprotein)으로 이동한다.

간 이외의 조직이나 지단백의 콜레스테롤은 일단 고밀도지단백(HDL: high density lipoprotein)으로 합성 후 간으로 이동, 흡수되어 담즙의 생성에 이용된다. 이들 모든 대사과정의 중심은 간이며, 각 과정이 긴밀한 상호 연관성 동일 효소의 작용으로 연계되어 있다.

1) 음식의 지방대사

음식물로 섭취된 트리글리세라이드, 콜레스테롤이 소화 흡수된 후 lipoprotein lipase와 아포지단백 C-II의 작용 후 조직으로 이동하는 과정이다.

콜레스테롤 역시 유미미립형태로 간으로 이송되어 담즙산 및 세포막 생성물로 사용되거나 지단백 콜레스테롤의 형태로 재분비된다. 이러한 음식물로 섭취되는 콜레스테롤 대사는 간에서 콜레스테롤 생성을 억제한다.

2) 체내 생성 지방의 대사

트리글리세라이드와 콜레스테롤 역시 체내에서 만들어진다. 트리글리세라이드는 간에서 생성되어 초저밀도지단백을 통해 말초에서 이용되며, 콜레스테롤은 말초조직에서 합성된 후 고밀도지단백으로 흡수되어 간으로 수송되므로 혈중에서 제거되는 두 가지 주요한 대사과정을 거친다. 이 과정은 아포지단백 A, C 및 트리글리세라이드, 콜레스테롤의 상호 교환과정으로 긴밀하게 관련되어 있다.

3) 지단백의 제거

지단백은 수용체 매개기전에 의하여 제거된다. 세포 표면에는 여러 지단백 수용체가 있고, 이 중 저밀도지단백 수용체는 Brown과 Goldstein 등에 의해 규명되어 노벨의학상을 받았다.

저밀도지단백 수용체는 대부분 조직의 세포막에 부착하지만, 특히 혈관내피세포, 간세포 등이 가장 큰 역할을 한다. 가장 중요한 기능은 콜레스테롤을 세포질 내로 운반하는 것이며, 결국 콜레스테롤 생성, 흡수 조절하므로 전반적인 콜레스테롤 항상성이 유지된다. 이 대사경로의 중요한 조절기전은 HMG-Co Areductase로 세포의 성장, 기능에 콜레스테롤이 필요한 경우는 이 효소의 합성과 활성이 증가되며, 동시에 저밀도지단백 수용체의 합성도 증가되어 세포 내로 더 많은 저밀도 지단백이 이동한다. 저밀도지단백 수용체의 합성은 원칙적으로 세포 내 콜레스테롤 농도가 중요하지만, 갑상샘호르몬, 에스트로젠도 수용체 생성과 활성을 증대시킨다.

실험

4-1 산가 측정

1. 실험원리

유지는 가공, 저장, 이용 중에 공기, 빛, 열, 효소 등의 작용을 받아 산패(rancidity)되는데, 식용 유지의 산패 정도를 측정하고자 할 때의 산가를 측정하며, 유지 1g 중에 존재하는 유리지방산을 중화하는 데 필요한 KOH의 mg수로 나타낸다.

$$RCOOH + KOH \longrightarrow RCOOK + H_2O$$

0.1 N KOH를 사용하면 이용액 1 mL에 KOH가 5.61 mg 들어 있다.

2. 시료의 추출(라면)

① 라면을 유발에 넣고 잘게 부순다.

② 분쇄한 라면을 삼각플라스크에 넣고 라면이 잠길 정도로 에틸에테르를 가한 후 마개를 닫고 10~15분간 교반 후 2시간 방치한다(이때 라면의 지방함량을 측정하는 것이 아니기 때문에 오랜 시간 반복적으로 하지 않아도 된다).

③ 깔대기 위에 여과지를 놓고 에틸에테르층을 여과한다.

④ 여과하여 얻은 에틸에테르 층을 분액 깔대기에 넣고 같은 양 또는 그 이상의 증류수를 가하고 살살 흔들어 정치 후 증류수를 배출시킨다. 이 과정은 혹시 있을 수 있는 수용성 물질을 제거하는 과정이다(이때, 과하게 흔들면 유화현상으로 수용물질을 추출하는 데 문제될 수 있다).

⑤ ④의 과정을 3~4회 반복하여 수용성 물질을 완전히 제거한다.

⑥ 깔때기 위에 여과지를 넣고, 여과지 위에 무수황산나트륨을 채운 후 ⑤에서 얻은 에틸에테르층을 여과하는데, 이는 혹시 남아 있을 수용성 물질을 제거하기 위한 과정이다.

⑦ 회전농축기를 이용하여 40℃ 이하에서 유기용매를 완전히 제거하고 유지를 취한다.

3. 시약 및 기구

라면, 페놀프탈레인, 수산화칼륨(KOH), 에탄올(C_2H_5OH), 수산($C_2H_2O_4 \cdot 2H_2O$), 에틸에테르, 황산나트륨(Na_2SO_4), 황산지, 여과지, 회전진공농축기, 흄후드, 항온수조, 전자저울, 자석교반기, 비커, 메스플라스크, 분액깔때기, 삼각플라스크, 메스피펫, 깔때기, 뷰렛, 뷰렛스탠드, 세척병, 피펫필러, 시약스푼, 스포이트, 유발(막자사발)

4. 실험방법

① 시료 5 g을 정밀히 달아 삼각플라스크에 취한다.

② 에탄올: 에테르(2:1) 100 mL를 넣어 유지를 녹인다. 이때 에탄올과 에테르를 혼합 용액에 먼저 페놀프탈레인 지시약을 가하고 0.1 N-KOH 용액을 가하여 연한 분홍색으로 중화시킨 후 유지시료에 가하면 공시험을 따로 하지 않아도 된다.

③ 페놀프탈레인 지시약 2~3방울 가한다.

④ 0.1 N-알코올성 KOH으로 연분홍색이 30초간 지속될 때까지 적정한다(같은 방법으로 공시험을 한다).

5. 실험결과 및 계산

$$산가 = 5.611 \times (a - b) \times f / S$$

a : 0.1 N-KOH 소비량(본실험)
b : 0.1 N-KOH 소비량(공실험)
f : 0.1 N-KOH의 역가
S : 시료의 채취량

6. 주의사항

① 실험실에서의 주의사항을 반드시 지킨다.

② 0.1 N-알코올성 KOH 용액은 조제 후 2~3일 방치하고 여과하여 사용하며, 농도계수를 정확하게 측정한다.

③ KOH 용액을 조제할 때에는 순도가 85% 정도라는 것을 기억한다.

④ 이 실험의 경우 공시험을 하지 않아도 되는 이유와 공시험의 의미를 이해한다.

⑤ 산가 측정의 원리를 이해한다.

⑥ 라면으로부터 유지를 추출하는 원리를 이해한다.

(   ) 학과   학번 (   )   이름 (   )

Title	
Objective	
Principle	
Reagents and Apparatus	
Procedure	
Result	
Discussion	
Reference	

실험

4-2 과산화물가 측정

1. 실험원리

과산화물은 산패가 진행됨에 따라 증가하다가 카보닐 화합물로 분해되기 때문에 결국은 그 양이 감소하게 된다. 그러므로 유지의 과산화물가는 초기단계에 있어서 유지의 산패 정도를 나타내는 기준이 된다. 일반적으로 식물성 유지의 경우는 60~100 meq/kg, 동물성 유지는 20~40 meq/kg에 도달하면 산패가 발생할 것으로 판단한다.

과산화물가는 유지 1 kg에 함유된 과산화물의 mg당량수를 말하는데, 이것은 일반적으로 산화환원 적정법(요오드 적정법)에 의하여 측정된다.

$$-CH_2-\underset{\text{ROOH}}{\underset{|}{CH}}-CH=CH- \quad + \quad 2\,KI$$

$$\downarrow$$

$$-CH_2-\underset{\text{OH}}{\underset{|}{CH}}-CH=CH- \quad + \quad I_2 \quad + \quad K_2O$$

$$\downarrow$$

증류수(D.W.) 30 mL + 전분용액

$$\downarrow$$

$$I_2 \quad + \quad 2\,Na_2S_2O_3 \quad \longrightarrow \quad Na_2S_4O_6 \quad + \quad 2\,NaI$$

$Na_2S_2O_3 \equiv I_2 \equiv$ ROOH(= 1 g당량)

0.01 N $Na_2S_2O_3$ 용액 1 mL = 과산화물 0.01 mg당량

그림 4-1 과산화물가 측정

2. 시약 및 기구

식용유(신선한 것, 사용 중인 것), 중크롬산칼륨, 티오황산나트륨, 요오드화칼륨, 초산, 클로로포름, 가용성 전분, 요오드, 황산구리, 황산지, 전자저울, 자석교반기, 삼각플라스크, 메스플라스크, 메스피펫, 뷰렛

3. 실험방법

① 시료 2 g을 삼각플라스크에 취한다.

② 초산:클로로포름(3:2) 25 mL를 취해 유지를 녹인다.

③ 포화요오드화칼륨 용액 1 mL를 넣고 흔들어 섞은 후 어두운 곳에서 10분간 방치한다.

④ 물 30 mL와 전분 용액 1 mL 가한다.

⑤ 0.01 N-티오황산나트륨액으로 무색이 될 때까지 적정한다.

⑥ 공시험

4. 실험결과 및 계산

과산화물가(meq) = 10 × (a−b) × f / S

a : 시료의 0.01 N-티오황산나트륨액 소비량(본실험)
b : 공시험 0.01 N-티오황산나트륨액 소비량(공실험)
f : 0.01 N-티오황산나트륨액의 역가
S : 시료의 채취량(g)

5. 주의사항

① 실험실에서의 주의사항을 반드시 지킨다.

② $Na_2S_2O_3$ 용액은 어두운 곳에 방치하며 농도계수를 정확히 측정한다.

③ 공시험의 의미를 이해한다.

④ 식용유의 과산화물가를 계산한다.

(   ) 학과   학번 (   ) 이름 (   )

Title	
Objective	
Principle	
Reagents and Apparatus	
Procedure	
Result	
Discussion	
Reference	

실험 4-3

요오드가 측정

1. 실험원리

유지를 구성하는 지방산은 크게 포화지방산과 불포화지방산으로 나뉜다. 유지는 구성지방산이 포화지방산인지 불포화지방산인지에 따라 그 성질이 달라진다. 예를 들면, 유지의 구성지방산이 포화지방산이면 유지의 상태는 고체이지만, 불포화지방산이면 액체상태이다.

불포화지방산의 이중결합에는 수소나 요오드 등이 쉽게 결합할 수 있다. 그러므로 유지를 구성하는 불포화지방산에 이중결합이 많으면 요오드가 많이 결합하고, 적으면 적게 결합한다. 요오드가는 유지 100 g에 부가되는 요오드의 g수를 말한다. 요오드가는 유지분자 내의 이중결합 수, 즉 불포화도를 나타내는 것이다.

- 포화지방산: 분자구조 내 이중결합이 없는 지방산
- 불포화지방산: 분자구조 내 이중결합이 있는 지방산
- 불건성유: 건조되지 않은 유지로 요오드가가 100 이하인 유지
- 반건성유: 반 정도만 건조되는 유지로 요오드가가 100~130인 유지
- 건성유: 쉽게 건조되는 유지로 요오드가 130 이상인 유지

요오드가는 흔히 Wijs 법에 의하여 측정된다. 이 방법은 유지에 일염화요오드(ICl)를 부가시킨다. 일염화요오드는 유지의 이중결합 부위에 다음과 같이 결합한다.

$$-CH{=}CH- \cdots\cdots ICl \longrightarrow \cdots CH(I){-}CH(Cl)\cdots$$

$$\downarrow$$

$$ICl + KI \longrightarrow I_2 + KCl$$

$$\downarrow$$

$$I_2 + 2Na_2S_2O_3 \longrightarrow 2NaI + Na_2S_4O_6$$

그러므로 유지에 과잉의 일염화요오드를 가하여 반응시킨 후, 남아 있는 일염화요오드의 양을 측정하면 유지에 결합한 요오드의 양, 즉 요오드가를 측정할 수 있다. 일염화요오드는 KI와 반응하여 요오드(I_2)를 생성하므로 이 요오드의 양을 $Na_2S_2O_3$ 표준용액으로 적정하면 일염화요오드의 양을 측정할 수 있다.

2. 시약 및 기구

① 시약: 중크롬산칼륨($K_2Cr_2O_4$), 티오황산나트륨($Na_2S_2O_3$), 요오드화칼륨(KI), 초산(CH_3COOH), 클로로포름($CHCl_3$), 가용성전분, 일염화요오드(ICl), 염산(HCl), 황산구리($CuSO_4$)

② 기구: 전자저울, 삼각플라스크, 자석교반기, 뷰렛, 비커, 메스플라스크, 뷰렛스탠드, 세척병

3. 실험방법

① 시료채취

- 요오드가 130 이상: 0.1~0.2 g
- 요오드가 100~130: 0.2~0.3 g
- 요오드가 100 이하: 0.3~0.4(고체기름: 0.8~1.0 g)

② 250 mL 삼각플라스크에 시료를 취한다.

③ ②에 클로로포름 10 mL을 가한 후 녹인다.

④ Wijs 시약 25 mL을 가한 후 저어서 암실에 방치한다. 방치시간은 불건성유 30분, 반건성유 1시간, 건성유 2시간을 표준으로 한다.

⑤ ④에 KI 20 mL과 증류수 100 mL을 가한 후 강하게 혼합한다.

⑥ ⑤에 1% 전분용액을 지시약으로 요오드의 양을 0.1%-$Na_2O_2S_3$ 용액으로 적정한다.

⑦ 공시험

4. 실험결과 및 계산

$$요오드가 = (V_0 - V_1) \times 0.01269 \times f \times 100/시료량(g)$$

V_0: 공시험에서 0.1%-$Na_2S_2O_3$ 용액의 소비량(mL)
V_1: 본시험에서 0.1%-$Na_2S_2O_3$ 용액의 소비량(mL)
f : 0.1%-$Na_2S_2O_3$ 용액의 농도계수
0.01269 : 0.1%-$Na_2S_2O_3$ 용액 1 mL에 상당하는 요오드의 g수

5. 주의사항

① 실험실에서의 주의사항을 반드시 지킨다.

② 0.1%-$Na_2S_2O_3$ 용액은 반드시 농도계수를 측정하여 사용한다.

③ 실험 종말점을 정확히 확인한다.

④ 공시험의 의미를 이해한다.

⑤ 요오드의 측정원리를 이해한다.

(   )학과   학번 (   )   이름 (   )

Title	
Objective	
Principle	
Reagents and Apparatus	
Procedure	
Result	
Discussion	
Reference	

easy to understand

제5장

효 소

제5장 효 소

세포 내 생명활동을 지탱하는 수많은 생화학 반응은 효소의 촉매작용을 필요로 한다. 효소는 고도의 특이성을 나타내는 강력한 촉매로 그 활성은 정교하게 조절된다.

1. 효소의 정의

효소는 동물, 식물, 미생물에 이르기까지 모든 생물에 반드시 존재하는 생체의 반응 촉매제로서 고도로 특수화된 단백질이며, 모든 생화학적 과정에서 중추적인 역할을 한다. 효소는 엄청난 촉매힘(catalytic power)을 가지고 있으며, 그 힘은 일반적으로 합성 촉매나 무기 촉매의 힘보다 훨씬 크다. 또한 효소는 자신의 기질에 대한 고도의 특이성을 가지고 있으며 화학반응을 촉진시키고 아주 온화한 조건의 온도와 pH 상태의 수용액에서 작용한다. 이와 같은 성질을 모두 갖춘 비생물적인 촉매는 거의 찾아볼 수 없다.

효소는 모든 생화학적 과정에서 중추적인 역할을 한다. 효소는 체계화된 순서로 작용함으로써 대사경로가 몇 백 가지나 되는 반응들을 순차적으로 반응하도록 촉매 역할을 하고, 그에 따라서 영양물질을 분해하고 화학에너지의 보존과 전환 및 생체 고분자 물질의 합성과정과 같은 대사경로가 수백 가지가 넘는 과정들을 빠르게 반응할 수 있도록 촉매 역할을 한다. 조절 효소의 작용을 통하여 여러 가지 대사경로가 조정이 됨으로써 생명을 유지하는 데 필요한 여러 가지 다른 생체 활동 사이에서 균형과 조화를 이루도록 한다.

표 5-1 효소의 기원

기원	효소
식물	amylase, papain, ficin, bromelain
동물	pancreatine, protease, rennin
미생물	amylase류, protease류, lipase, pectinase, invertase, cellulase, glucose, oxidase

Berzelius(1836년)가 처음으로 효소는 기질(substrate)에 작용하는 촉매(catalyst)라는 말을 사용하였다. Buchner(1892년)은 효소 활성이 살아있는 세포에만 한정할 필요가 없다는 것을 최초로 발견하였다. 즉, 효모세포를 마쇄·여과하여 세포과립을 제거하여도 역시 설탕을 알코올과 CO_2로 발효하는 현상을 최초로 발견한 것이다. Willstaetter(1926년)가 peroxidase를 순수히 단리하고, Summer, J.B.(1930년)가 작두콩에서 urease를 결정으로 분리한 이래 Northrop(1930년)은 pepsin, trypsin, chymotrypsin을 결정화시키는 데에 성공한 획기적 업적으로 노벨상을 받았다.

2. 효소의 분류

효소의 분류와 명명법에 관한 규약에 따라 효소는 촉매하는 화학반응의 형식에 따라 나누어지며 일반적으로 끝에 '-ase'의 접미사가 붙는다. 아밀로오스(amylose)의 분해효소인 아밀라아제(amylase)와 같이 작용하는 기질 명칭에 붙는 경우와 알코올 탈수소화효소(alcohol dehydrogenase)처럼 작용하는 반응형태의 명칭 뒤에 붙는 경우가 있다.

표 5-2는 대표적인 효소반응 6가지를 분류한 것이다.

표 5-2 효소의 국제분류법

분류번호	분류 이름	촉매반응 유형
1	oxidoreductase (옥시도리덕테이스, 산화환원효소류)	전자의 전이(수소음이온 또는 H 원자)
2	transferase (트랜스퍼레이스, 전이효소류)	기 전달 반응
3	hydrolase (하이드롤레이스, 가수분해효소류)	가수분해 반응(작용기를 물로 전이)
4	lyase (라이에이스, 분해효소류)	이중결합으로의 기의 부가 또는 기의 제거에 의한 이중결합 형성
5	isomerase (아이소머레이스, 이성질화효소류)	분자 내 기 전이에 의한 이성질체 형성
6	ligase (라이게이스, 연결효소류)	ATP 또는 유사한 보조인자의 분해와 짝지어진 축합반응에 의한 C-C, C-S, C-O, C-N 결합 형성

3. 효소의 특성

효소는 고분자의 단백질로 되어 있으며, 주로 구상단백(globular protein)이다. 효소가 보통의 구상단백과 다른 이유는 활성 부위가 그 가운데 존재하는 것이다. 이 활성중심(active center)은 단순한 소수(小數) 아미노산의 결합에 의한 것이 아니고 단백질의 2차 구조(S-S결합, 수소결합 등의 구조), 3차 구조(접혀진 구조)와 밀접히 관계하고 있다. 따라서 효소는 그 성질이 매우 다양하다. 다양하다고 하는 것은 많은 환경요인의 영향을 받기 쉽다는 의미가 있는 동시에 각각의 환경에 적합한 효소가 반드시 있다고 하는 의미도 있다.

1) 효소의 구조

효소는 구형의 단백질 분자로 활성 부위를 가지고 있으며, 이 활성 부위는 효소에 의한 촉매반응을 하는 동안 기질과 결합하는 자리이다. 효소는 특정한 기질하고만 결합하여 반응을 촉매하는데, 이러한 효소의 성질을 기질 특이성(substrate specificity)이라고 한다. 효소의 기질 특이성은 효소 활성 부위의 모양과 기질 분자의 모양에 의해 결정된다. 이것은 효소와 기질이 마치 퍼즐조각을 맞추듯 특정한 방식으로 결합해야 하기 때문이다.

많은 효소가 효소 활성에 영향을 주는 비단백질을 포함하기도 하는데, 이를 보조인자(cofactor)라 한다. 보조인자에는 보결족이라고 부르는 아연, 철, 마그네슘과 같은 금속이온과 조효소(coenzyme)라고 부르는 유기분자가 있다. 일부 비타민(B_1, B_2 등)과 NAD, FAD, CoA 등이 조효소로 작용한다. 이 보조인자들은 효소에 영구적으로 붙어 있거나 기질에 약하게 붙어 있으며, 적정량만 필요하고 지나치게 많은 경우에는 유해할 수도 있다.

2) 효소의 역할

(1) 생체촉매

생체 내에서 발견된 효소들은 모두 살아있는 세포 내에서 생성되는 특수한 단백실로서 이 세포들마다 일어나는 화학반응을 촉매하는(생체촉매) 작용을 갖고 있다.

효소는 위에서 언급한 것과 마찬가지로 단백질로 구성되어 있는데, 이 단백질은 20종의 아미노산이 아미노기($-NH_2$)와 카르복시기($-COOH$)로 peptide 결합을 만들어 수백내지는 수천 개의 잔기가 결합된 것이다. peptide 결합부위는 하나의 평면상에 있지만 여기에 연결되는 양측은 자유로이 접었다 폈다 할 수 있기 때문에 단백질은 여러 가지 구조를 가지고 그에 따라 역할이 다르다.

(2) 촉매반응

어떤 화학반응인 A+C → C+D가 되는 경우 반응이 진행되어 C와 D가 생성되어 축적되면 역반응도 진행되어, 양쪽이 일정한 비율에 도달한 점에서 표면상 반응이 멈추어 평형상태가 된다. 이때 $A+B \rightleftarrows C+D$로 나타내고, 이 반응의 평형상수(K)는 K=([C][D]/[A][B])가 된다. 효소의 유무에 상관없이 이 반응이 평형상수 K값은 변하지 않지만, 효소가 있으면 평형에 도달할 때까지의 시간이 매우 단축된다. 즉, 반응속도가 빨라진다.

효소반응에 있어서 A와 B를 기질, C와 D를 생성물이라 부른다. 반응이 진행되기 위해서는 A를 B에 접근시키고, A와 B의 분자를 C와 D로 바꾸기 위한 에너지가 필요하다. 이같이 반응을 진행시키기 위한 에너지를 활성화에너지라고 부른다(그림 5-1). 활

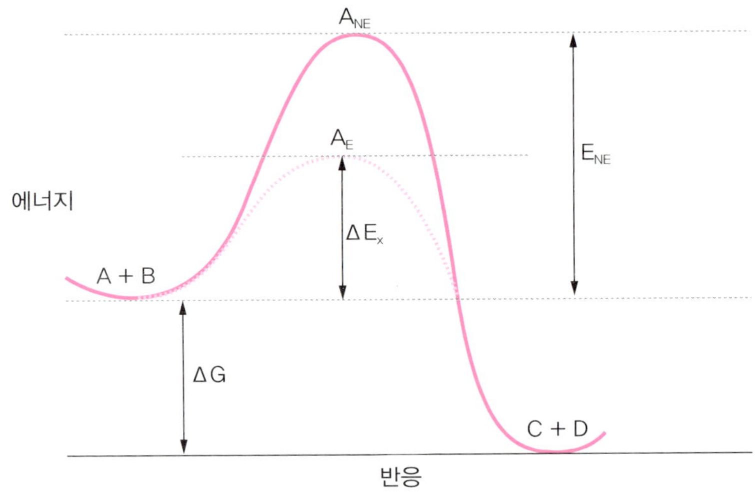

그림 5-1 화학반응에서 활성화에너지와 효소를 더한 화학반응에서 활성화에너지

A+B → C+D의 반응에서 A_{NE}는 비효소적으로, A_E는 효소적으로 활성화된 $\triangle E_{NE}$는 기질, 비효소적 반응, $\triangle E_E$는 효소반응의 활성화 에너지를 의미한다.

성화 에너지가 높으면 반응속도는 느리고, 낮으면 반응속도는 빨라진다. 효소는 이 활성화 에너지를 현저하게 낮추는 성질을 갖고 있다.

4. 효소의 반응

효소는 기질과 결합하여 효소-기질 복합체(enzyme-substrate complex)를 형성함으로써 반응의 활성화 에너지(E: activation energy)를 낮추는 생체 촉매제 역할을 한다.

앞서 언급한 것과 같이 효소는 반응의 평형에는 영향을 주지 않고 반응속도에 영향을 준다. E는 효소, S는 기질, P는 반응생성물을 나타내고, ES는 효소와 기질의 일시적 복합체를 나타낸다.

$$E + S \leftrightharpoons ES \leftrightharpoons EP \leftrightharpoons E + P$$

어떤 물질들이 모여서 화학반응을 하려면 이 물질들이 서로 결합하거나 충돌할 만큼 에너지를 가져야 하는데, 이런 상태가 되는데 필요한 에너지를 그 물질의 활성화 에너지라고 한다. 효소는 이런 활성화 에너지를 낮춤으로써 생물체 내의 화학반응의 속도는 증가시켜 반응을 촉진시킨다. 이와 같이 반응속도에 영향을 주는 인자는 기질의 농도, 반응온도, pH 등이며, 기질의 농도와 반응속도 간에는 Michaelis-Menten 공식에 의거하여 포물선 형태의 상관관계를 가진다. 그러나 다른 자리 입체성반응(allosteric effect)을 유도하는 인자가 있을 경우 기질농도와 속도와의 관계는 sigmoid(S형) 곡선을 보이며, 헤모글로빈과 산소 결합능이 대표적인 예이다.

5. 효소반응속도에 영향을 주는 인자

1) pH

효소반응에는 최적 pH가 존재한다. 일반적으로 최적 pH는 7.0 근처에 있지만, 예외로서 pepsin과 같이 산성 측에서 안정한 것도 있다. 이 효소의 pH 의존성은 효소가 단백질로서 양성이온의 물질이기 때문에 이온화하기 쉬운 상태가 기질과 잘 반응하여 ES복합체를 형성한다고 설명할 수 있다. 강산성이나 강알칼리성에는 활성기 부근의 구조가 변화하여 ES복합체의 형성이 불가능하게 되므로 효소는 활성을 잃는다.

2) 온도

효소에는 최적온도라 할 수 있는 상태가 있다. 동물의 경우 보통 30~40℃이다. 효소반응은 보통 20℃, 25℃, 37℃에서 측정되며, 45~50℃ 이상의 온도에서는 반응속도가 급격히 저하된다. 이것은 열에 의한 변성으로 구조가 변화되었기 때문이다. 일반적으로 0~37℃의 범위에서 10℃ 상승하는 사이의 속도 증가비를 Q10(온도계수)이라고 하며, 그 값은 2~3이다.

3) 농도

기질이 충분한 양이 있을 때에는 효소량의 증가에 따라 동시에 ES 복합체가 많이 만들어지기 때문에 반응속도가 직선적으로 증가한다. 반대로 효소가 전혀 존재하지 않을 때에도 기질만으로 반응이 일어나는 경우가 있고, 또 효소의 양이 일정하고 기질의 양이 증가한다면 어느 점까지는 직선적으로 반응속도가 증가하기도 하지만 그 이후로

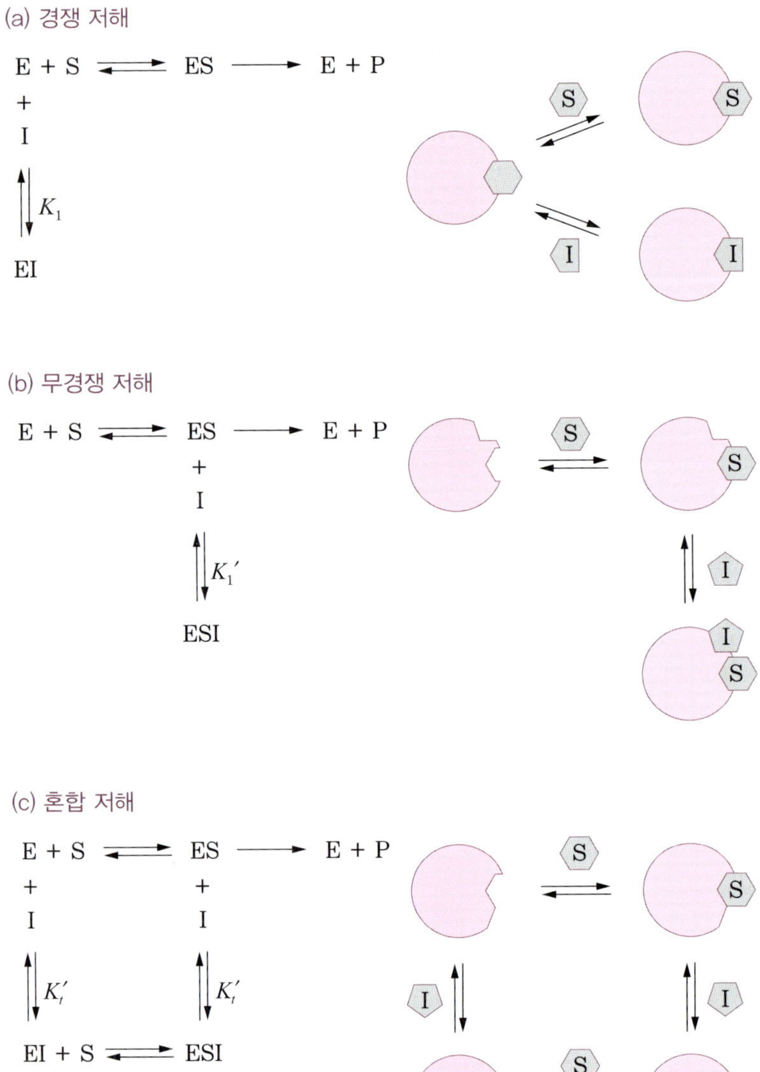

그림 5-2 저해제의 세 가지 유형

(a) 경쟁 저해제는 효소의 활성자리와 결합한다. K_1는 억제제가 E에 결합할 때의 평형상수이다.

(b) 무경쟁 저해제는 다른 자리와 결합한다. 그러나 이것은 단지 ES 복합체와 결합한다. K_1'은 억제제가 ES에 결합할 때의 평형상수이다.

(c) 혼합 저해제는 다른 자리와 결합하지만 E 또는 ES에 결합할 수 있다.

는 일정하게 유지된다. 이 현상은 효소의 활성 중심에 기질이 붙는데, 기질의 양이 많다면 동시에 그 이상의 ES 복합체가 만들어지지 않기 때문이다. Aminotransferase의 기질을 방치하면 효소가 없어도 아미노기 전이가 일어나는 일이 있으며, 이것을 비효소적 아미노기 전이라고 한다.

효소량을 일정하게 하고 기질량을 증가시키면 어느 점까지는 직선적으로 반응속도가 증가한다.

4) 저해제

효소의 어느 특정 부위에 결합하여 반응속도를 저하시키는 물질을 저해제라고 한다. 저해제에는 효소의 기질과 구조가 유사하여 기질이 효소와 결합하는 부위에 기질과 경쟁적으로 결합하는 경쟁적 저해제, ES 복합체에 결합하여 효소활성을 저해하는 비경쟁적 저해제, 기질 결합부위와 다른 부위에 결합하여 효소활성을 저해하는 부경쟁 저해제가 있다(그림 5-2).

실험

5-1 아미노산 및 단백질의 정성분석과 효소실험

1. 실험원리

1) Millon 시험

단백질에 Millon 시약을 작용하면 적갈색으로 된다. 이 발색반응은 페놀성 히드록시기를 가진 티로신에 기인하는 것이며, 티로신 자신은 물론, 페놀성 히드록시기를 가진 화합물들도 Millon 시약에 의해 양성반응을 나타낸다. 원래 Millon 시약으로는 50%(v/v) HNO_3에 $Hg(NO_3)_2$를 녹인 것이 사용되었지만, 요즘은 무기염의 존재하에서도 이보다 더 예민하게 작용하는 개량된 시약이 쓰이고 있다.

*티로신이란? 단백질을 구성하는 방향족 아미노산의 하나. 생체 내에서는 페닐알라닌에서 생성되어 아드레날린, 티록신, 멜라닌 따위의 중요한 물질로 변한다.

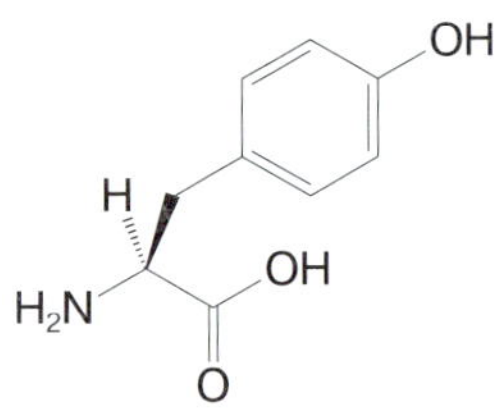

그림 5-3 티로신의 구조

2) Hopkins-Cole 시험

단백질 용액에 glyoxalic acid(O=CH-COOH)를 가하거나 무수초산(acetic anhydride)을 가한 후, 다시 진한 황산을 가할 때 그 경계면에 적자색의 황이 형성된다.

이 반응을 Hopkins-Cole 또는 Adamkievitz 반응이라 하며, 단백질 중에 indole기를 가진 tryptophan과 -CHO기를 가진 glyoxalic acid, formaldehyde 등이 존재할 때 일어난다. 따라서 tryptophan을 함유한 casein에서 반응은 양성이기 때문에 이 반응을 우유의 방부제 formaldehyde 검출에 응용할 수가 있다. 그러나 tryptophan을 함유하고 있지 않는 옥수수 단백질인 zein은 이 반응에 음성이다.

2. 시약 및 기구

1) Millon 시험

① 아미노산: 글리신, 티로신 및 페닐알라닌들의 0.1% 수용액

② 단백질: 알부민과 젤라틴의 1% 수용액

③ Millon 시약: 15%(v/v)의 H_2SO_4에 $HgSO_4$를 15% 되게 녹인 용액

④ 1% $NaNO_2$

⑤ 기구: 시험관, 삼발이, 피펫, 시험관 집게, 중탕그릇, 삼발이, 삼각플라스크, 비커, 볼륨플라스크, 스포이트

2) Hopkins-Cole 시험

① 아미노산: 글리신, 티로신 및 트립토판들의 0.1% 수용액

② 단백질: 알부민과 젤라틴의 1% 수용액

③ 기타: 햇볕에 쬔 빙초산, 진한 황산, 증류수

④ 기구: 시험관, 피펫, 삼각플라스크, 볼륨플라스크, 비커, 스포이트

3. 실험방법

1) Millon 시험

① 글리신, 티로신 및 페닐알라닌들의 0.1% 수용액과 알부민과 젤라틴의 1% 수용액, Millon 시약을 각각 조마다 분담해 제조한다.

② 완성된 시료를 7개의 시험관에 각각의 시료를 1 mL을 넣고 Millon 시약을 5방울 첨가한다.

③ 물에 중탕으로 10분 동안 가열한다.

④ 10분 동안 가열된 시험관을 상온에서 식힌다.

⑤ 식힌 시험관에 $NaNO_2$ 수용액을 5방울씩 첨가한다.

⑥ 변하는 색을 관찰한다.

2) Hopkins-Cole 시험

① 위에 Millon 시험에서 각 조에 분담에 만들어진 시료 글리신, 티로신 및 트립토판의 0.1% 수용액, 알부민과 젤라틴의 1% 수용액 그리고 증류수를 5개의 시험관에 각각의 시료 2 mL를 취한다.

② 햇볕에 쬔 빙초산 2 mL와 진한 황산 2 mL를 가한다.

③ 두 맥층 사이의 색을 관찰한다.

4. 실험결과

1) Millon 시험

	글리신	티로신	페닐알라닌	알부민	젤라틴	증류수
시료색	-	-	-	뿌연 색	-	-
Millon 용액	-	-	-	더 뿌옇게 변함	-	-
10분 가열 후	황색의 알갱이 형성	뿌옇게 탁해짐	-	하얀 덩어리 형성	-	황색의 알갱이 형성
식힌 후	위와 같음	위와 같음	위와 같음	위와 같음	위와 같음	위와 같음
NaNO	변화 없음	분홍색으로 변화	변화 없음	덩어리가 분홍색으로 변화	변화 없음	변화 없음

2) Hopkins-Cole 시험

	글리신	티로신	트립토판	알부민	젤라틴	증류수
상층	-	-	-	-	-	-
중간층	-	-	진한 황색	황색	-	-
하층	-	-	-	-	-	-

(   ) 학과   학번 (   ) 이름 (   )

Title	
Objective	
Principle	
Reagents and Apparatus	
Procedure	
Result	
Discussion	
Reference	

실험

5-2 수크로오스의 가수분해를 통한 Michaelis 상수의 결정

1. 실험원리

적당한 조건(pH 및 온도)에서 효소반응의 속도는 효소 및 기질의 농도에 좌우되며, 최대 속도에 달하기까지의 반응속도는 기질의 농도에 비례한다.

Michaelis-Menten의 이론에 따르면 효소반응은 효소-기질 복합체의 중간단계를 거쳐 진행된다.

$$\text{E(효소)} + \text{S(기질)} \underset{k_2}{\overset{k_1}{\rightleftarrows}} \text{ES(효소–기질 복합체)} \xrightarrow{k_3} \text{E(효소)} + \text{P(생성물)} \qquad (1)$$

위 식에서 k_1, k_2, k_3는 각 반응의 반응속도상수이다. 화학평형의 법칙을 적용하면 다음과 같다.

$$\frac{[E][S]}{[ES]} = K \qquad (2)$$

식(2)로부터 어떤 일정한 양의 효소에 대하여 기질의 농도를 점점 증가시키면 효소가 복합체(ES)로 변하는 양이 많아지며 따라서 반응속도도 커진다. 이러한 경향은 효소가 기질로 포화될 때까지 계속되어 마침내 반응속도는 최대치에 달한다. 최대반응속도의 1/2값에 이르렀을 때의 기질농도는 효소-기질복합체의 해리상수와 같으며, 이 값을 Michaelis 상수(Km)라고 한다.

Km값을 실험적으로 결정하기 위하여 식 (1)로부터 다음의 식을 유도한다.

[ES]가 생성되는 속도는 $\frac{dt[ES]}{dt} = k_1([E]-[ES]) \times [S]$이다.

[ES]가 분해되는 속도는 $\frac{dt[ES]}{dt} = k_2[ES] + k_3[ES]$이다.

[ES]의 생성속도와 분해속도가 같을 경우에는 $k_1([E] - [ES]) \times [S] = k_2[ES] + k_3[ES]$이

다. 따라서 다음과 같은 식을 얻을 수 있다.

$$\frac{([E]-[ES]\times[S])}{[ES]} = \frac{k_2 + k_3}{k_1} = Km \qquad (3)$$

반응속도 V는 [ES]에 비례하며, 효소가 기질로 포화되었을 때 모든 효소는 [ES]로 존재하고 반응속도는 최대치(V_{max})가 되므로 $V = k_3[ES]$, $V_{max} = k_3[E]$가 된다. 이 식을 (3)에 대입하면 다음과 같다.

$$V = \frac{V_{max}[S]}{Km + [S]} \qquad (4)$$

효소반응에 대하여 V, V_{max} 및 [S]의 값을 알면 식 (4)를 써서 Km 값을 구할 수 있다. 식(4) 대신 그 역수를 취한 Lineweaver-Burk식을 쓰면 Km 값을 더 쉽게 구할 수 있다.

$$\frac{1}{V} = \frac{Km}{V_{max}} \times \frac{1}{[S]} + \frac{1}{V_{max}} \qquad (5)$$

식(5)를 그래프로 그리면 직선이 된다. 즉, 직선의 y절편 $1/V_{max}$에서 V_{max}의 값을 안 다음 기울기 Km/V_{max}에서 Km 값을 구할 수 있다.

β-프럭토프라노사이드인 수크로오스(sucrose)는 수크라아제(sucrase)에 의해 가수분해되어 포도당(glucose), 과당(fructose)이 된다. 반응생성물인 포도당과 과당의 양은 일정한 시간 간격을 두고 측정하면 기질농도([S]) 및 이 가수분해반응의 반응속도(V)를 알 수 있다.

2. 시약 및 기구

① 시약: Benedict 정량시약, 빵 제조용 효모, NaOH(1%), 0.3 M 수크로오스, 0.2 M citric acid-Na_2HPO_4

② 완충용액(pH 4.5): 0.2 M Na_2HPO_4 8.9 mL와 0.1 M citric acid 11.1 mL를 혼합한다.

③ 효모액: 효모와 0.2 M citric acid-Na_2HPO_4(1%)의 혼합액

④ 기구: 시험관, 중탕기, 스포이트

3. 실험방법

① 5개의 시험관에 효소액을 제외하고 다음과 같은 시험용액을 넣고 37℃의 물중탕

속에 담가둔다.

② 온도평형이 이루어진 다음 각 시험관에 효소액 4 mL씩을 1분 간격으로 가한 후 각 시험관을 수욕조에서 정확하게 6분간 보온한다.

③ 보온이 끝난 다음 각 시험관에 2 mL의 1% NaOH를 가하여 반응을 중지시킨다.

④ Benedict법으로 환원당을 정량하여 1분당 생성된 환원당 mg을 구한 후 Km 값과 V 값을 구한다.

시험관 번호	1	2	3	4	5
0.3 M 수크로오스(mL)	10	8	6	4	2
H_2O(mL)	0	2	4	6	8
완충용액(mL)	6	6	6	6	6
효소액을 가한 후 수크로오스의 최종농도(mL)	150	120	90	60	30

4. 실험결과

적정된 당용액의 양으로부터 가수분해된 수크로오스의 mg을 구하고 Km과 V_{max}를 구한다.

시험관 번호	1	2	3	4	5
당액 소비량					
가수분해된 수크로오스 함량					
기질농도(%)					

$$\text{가수분해된 수크로오스의 함량(mg)} = \frac{24.5(\text{mg})}{\text{당액 소비(mg)}} \times \text{총 Vol.}$$

(Benedit 시약 12.5 mL는 가수분해된 수크로오스 24.5 mg에 해당됨)

$$\text{기질농도[S]} = \frac{\text{0.3 M 수크로오스의 양}}{\text{전체 Vol.(mL)}}$$

(   ) 학과   학번 (   ) 이름 (   )

Title	
Objective	
Principle	
Reagents and Apparatus	
Procedure	
Result	
Discussion	
Reference	

실험

5-3 화학반응속도

1. 실험이론

시계반응(clock reaction)을 통하여 농도의 변화에 따라 반응속도가 어떻게 변하는가를 알아본다.

화학반응 속도는 단위시간에 감소하는 반응물의 농도 혹은 단위시간에 증가하는 생성물의 농도를 나타내며, 농도, 온도 및 촉매의 영향을 받는다.

화학반응이 다음과 같을 때

$$aA + bB \longrightarrow cC + dD \tag{1}$$

반응속도는 다음과 같이 나타낼 수 있다.

$$\frac{d[A]}{dt} = k[A]^m[B]^m \tag{2}$$

여기서 농도의 지수를 나타내는 m, n은 화학 양론적 계수 a, b와는 무관하며, 실험적으로 결정되어지는 반응차수이다. 그리고 k는 속도상수이다. 이 상수는 온도와 촉매에 의해서 달라지는 값으로 온도 의존성은 아래의 Arrhenius식으로 표현된다.

$$k = A\ ewp(-E_a/RT) \tag{3}$$

이 식에서 A는 비례상수, E_a는 활성화 에너지, R은 기체상수를 나타낸다.

본 실험에서는 다음 반응에 대해 반응속도의 농도 의존성에 대해서만 알아보기로 한다.

$$S_2O_2^{2+} + 3I^- \longrightarrow I_3^- + 2SO_4^{2-} \tag{4}$$

이 반응은 실온에서는 느리게 진행되는데 반응속도는 다음 식으로 나타낼 수 있다.

$$\frac{d[S_2O_2^{2-}]}{dt} = k[S_2O_2^{2-}]^m[I^-]^n \qquad (5)$$

이 반응속도는 반응의 종말점을 쉽게 알 수 있는 시계반응이라 불리는 다음 반응을 반응(4)와 동일한 용기에서 일으킴으로써 알아낼 수 있다.

$$I_3^- + 2S_2O_8^2 \longrightarrow 3I^- + 2S_4O_6^{2-} \qquad (6)$$

이 반응은 반응(4)보다 아주 빨리 진행된다. 반응(4)와 반응(6)에 녹말용액을 첨가하여 동일 용기 안에서 행하면 (4) 반응에서 생성되는 I_3^-는 생기는 즉시 $S_2O_3^{2-}$와 곧 반응하여 없어지므로 $S_2O_3^{2-}$가 있는 한 I_3^-의 농도는 0이 된다. $S_2O_3^2$가 모두 소비되면 반응(4)에서 생긴 I_3^-는 용액 속에 남게 되어 농도는 커진다. 이 I_3^-는 녹말용액과 반응하여 청색을 띠게 된다. 만약 처음 반응 혼합물 중 $S_2O_3^{2-}$의 농도가 1 M이면 $S_2O_3^{2-}$ 2몰에 I_3^- 1몰이 소모되므로 $S_2O_8^{2-}$의 농도가 1/2 M만큼 감소할 때 청색을 나타낸다. 이로부터 발색하기까지의 $S_2O_8^{2-}$의 농도 변화량을 알 수 있다. 그리고 발색할 때까지의 시간을 측정하면 반응속도의 값을 알 수 있다. 이 실험에는 세 가지의 반응 용액을 만드는데(실험과정 참고) 용액 1과 2에 있어서 $S_2O_8^{2-}$의 농도는 같으나 용액 2의 I^-의 농도는 용액 1에 비하여 두 배이다. 용액 1과 3에 있어서 I^-의 농도는 같으나 용액 3의 $S_2O_8^{2-}$의 농도는 용액 1에 비하여 두 배이다. 그러므로 용액 1의 I^-의 농도를 B라 하면 용액 1과 용액 2의 근사적인 평균 반응속도의 비는 다음과 같이 된다.

$$\frac{반응속도_2}{반응속도_1} = \frac{k[S_2O_8]^m(2B)^n}{k[S_2O_8^{2-}]^m B^n} = 2^n \qquad (7)$$

그리고 용액 1의 반응시초의 $S_2O_8^{2-}$의 농도를 A라 하면 용액 1과 용액 3의 근사적인 평균 반응속도의 비는 다음과 같이 된다.

$$\frac{반응속도_3}{반응속도_1} = \frac{k(2A)^m[I^-]^n}{kA^m[I^-]^n} = 2^m \qquad (8)$$

이들 관계식을 이용하면 반응차수를 구할 수 있다. 이렇게 구한 반응차수를 반응속도식에 적용하면 속도상수를 계산할 수 있다.

2. 시약 및 기구

① 시약: 200 mL 0.200 M KI 용액, 200 mL 0.200 M KNO_3 용액, 10 mL 0.40 M $Na_2S_2O_3$ 용액, 10 mL 녹말 용액, 5 mL 0.1 M EDTA 용액, 200 mL 0.2 M $(NH_4)_2S_2O_8$ 용액

② 기구: 50 mL 비커 1개, 200 mL 비커 4개, 뷰렛, 1 mL 피펫, 초시계, 온도계, 유리막대

3. 실험방법

다음과 같이 반응용액을 준비한다.

① 용액 1: 25.0 mL KI 용액, 1.0 mL 녹말용액, 1.0 mL $Na_2S_2O_3$ 용액, 48.0 mL KNO_3 용액, EDTA 1방울

② 용액 2: 50.0 mL KI 용액, 1.0 mL 녹말용액, 1.0 mL $Na_2S_2O_3$ 용액, 23.0 mL KNO_3 용액, EDTA 1방울

③ 용액 3: 25.0 mL KI 용액, 1.0 mL 녹말용액, 1.0 mL $Na_2S_2O_3$ 용액, 23.0 mL KNO_3 용액, EDTA 1방울

이 용액에서를 KNO_3를 넣는 것은 용액의 이온 세기를 일정하게 유지하기 위해서이며, EDTA를 넣는 것은 반응에 방해되는 금속이온을 제거시키기 위해서이다.

① 뷰렛을 깨끗하게 씻고, $(NH_4)_2S_2O_8$ 용액으로 한 번 씻은 다음에 $(NH_4)_2S_2O_8$ 용액을 넣어, 깨끗하게 씻어 말린 비커에 25 mL를 준비한다.

② 시간을 잴 준비를 한 다음 $(NH_4)_2S_2O_8$ 용액을 용액 1에 재빨리 가하고 시간을 기록한다. 이때 온도는 일정하게 유지해야 한다.

③ 혼합한 즉시 유리막대로 용액을 젓는다. 청색이 나타날 때까지 일정한 속도로 저어야 한다.

④ 청색이 나타나면 지체하지 말고 시간을 재어 기록한다.

⑤ 같은 방법으로 용액 2에 대해서 $(NH_4)_2S_2O_8$ 용액 25 mL를 취하여 실험을 행하여 시간을 측정한다. 용액 3에는 비커에 50mL의 $(NH_4)_2S_2O_8$ 용액을 취하여 동일한 방법으로 시간을 측정하여 기록한다.

4. 실험결과

	용액1	용액2	용액3
(1) 온도			
(2) 초기의 $[I^-]$			
(3) 초기의 $[S_2O_8^{2-}]$			
(4) 발색 시의 $[S_2O_8^{2-}]$			
(5) $S_2O_8^{2-}$의 농도 변화			
(6) 혼합한 시간			
(7) 발색 시의 시각			
(8) 발색까지 걸린 시간			
(9) 평균 반응속도			

(10) 평균 반응속도로부터 I^-의 반응차수를 결정하라. ____________________

(11) 평균 반응속도로부터 $S_2O_8^{2-}$의 반응차수를 결정하라. ____________________

(12) 용액 1, 2, 3에 대하여 k 값을 구하여 평균을 내라. ____________________

(　　　　　　　　　　) 학과　학번 (　　　　　　　　　　) 이름 (　　　　　　　　　　)

Title	
Objective	
Principle	
Reagents and Apparatus	
Procedure	
Result	
Discussion	
Reference	

easy to understand

제6장

핵 산

제6장 핵 산

뉴클레오티드(nucleotide)는 세포에서 다양하고 중요한 기능을 한다. 핵산의 기본 단위로서 유전정보를 가지고 있고, 또한 세포의 중요한 에너지 운반체, 많은 효소의 보조인자의 구성성분 그리고 세포 내에서 정보전달 시스템의 2차 전령 등의 역할을 한다.

1. 핵산의 구성

뉴클레오티드는 함질소염기(purine계와 pyrimidine계)와 당, 그리고 1개 이상의 인산기로 구성되어 있다. 핵산은 뉴클레오티드의 중합체이고, 그 중합은 5탄당(pentose)의 5′-히드록시기와 다음에 오는 5탄당의 3′-히드록시기가 인산을 통해서 결합하는 포스포에스테르결합으로 되어 있다.

2. 핵산의 종류

핵산의 종류에는 DNA(deoxyribonucleic acid)와 RNA(ribonucleic acid)의 두 종류가 있다.

1) DNA

DNA는 뉴크레오티드는 2′-데옥시-D-리보오스(2′-deoxy-D-ribose)를 당으로 가지고 있으며, 염기는 아데닌(A: adenine), 구아닌(G: guanine), 티민(T: thymine). 시토신(C: cytosine)의 4가지가 결합한다. DNA는 유전정보를 가지고 있는 이중나선 구조의 비교적 안정한 분자이다.

DNA가 생명체의 유전정보를 갖고 있을 것이라는 가능성은 과거 여러 가지 간접적인 증거에 의해 추정되었다. 진핵생물세포의 경우 RNA나 단백질들은 세포질 내에서 발견되는 반면, 대부분의 DNA는 세포핵 내 염색체에서 발견되었고, 세포당 DNA 양과 염색체의 수가 정확한 비례관계를 유지하고 있다는 점이 그 예이다. 다시 말하면, 이배체 생명체(diploid organism)의 대부분 체세포들은 단수체 생식검세포(haploid germ cell)나 그 배우체(gamete)의 2배에 해당되는 DNA를 함유하고 있다.

또한 DNA의 염기배열의 결정과 특정배열을 가지고 있는 DNA 분자의 합성은 현새 화학반응과 효소반응을 이용한 비교적 단순한 실험순서에 따라서 합성할 수 있다.

2) RNA

RNA의 뉴클레오티드는 D-리보오스(D-ribose)를 당으로 가지고 있으며, 염기는 우라실(U: uracil), 시토신(C: cytosine), 아데닌(A: adenine), 구아닌(G: guanine)이 결합한다. RNA는 mRNA, tRNA 및 rRNA의 3종류가 있는데, mRNA(messenger RNA)는 단백질을 합성하는 리보솜(ribosome)에 유전정보를 운반하는 역할을 한다. tRNA(transfer RNA)와 rRNA(ribosomal RNA)도 단백질 합성에 관여하고 있다. RNA는 DNA와 달리 1가닥 사슬로 형성된 머리핀 구조, 이중사슬 영역, 그리고 복잡한 루프구조 등에 의해서 복잡한 고차 구조를 형성할 수 있다.

RNA가 유전정보를 갖고 있으리라는 추측은 DNA 없이 RNA만 가지는 RNA 바이러스가 발견되면서 시작되었다. 그 후 인플루엔자 같은 바이러스들이 유전물질로 RNA 게놈(genome)을 갖고 있음이 확인되었고, RNA 복제가 DNA와 같은 양상으로 이루어진다는 사실이 알려졌다. 즉, RNA 복제과정에서 이중사슬의 RNA 중간체(intermediate)가 합성되며, 결국 DNA와 마찬가지로 RNA도 상보적인 염기서열을 기초로 한 염기쌍 형성을 통하여 자가복제됨이 밝혀졌다.

그러나 모든 RNA 바이러스들이 이중사슬 RNA 중간체를 경유하여 복제되는 것은 아니다. 레트로바이러스(retrovirus)처럼 게놈 RNA가 단일 사슬의 DNA 모체를 합성하는 주형의 역할을 하게 되는 경우도 있다.

실험

6-1 핵산 추출 – plasmid DNA 분리

1. 실험원리

Plasmid DNA는 세균 세포 내에서 독립적으로 존재할 수 있는 환상 DNA 분자이다. Plasmid는 항상 하나 또는 그 이상의 유전자를 포함하고 있는데, 흔히 이 유전자들은 숙주세균에 의해 나타나는 유용한 특성을 조절한다. Plasmid의 정제는 total cell DNA의 일반적인 분리방법과 같다. Plasmid를 지니는 세포를 액체배지에서 배양하여 수확하고 cell 추출을 하면 된다. Cell 추출물은 단백질을 제거하고 에딘올 침전으로 DNA를 응축시킬 수 있다. 그러나 totall cell DNA 분리와 plasmid 정제와는 중요한 차이점이 있다. Plasmid 분리는 일반적으로 많은 양의 chromosomal DNA로부터 분리하여야 한다. Plasmid 분리방법은 plasmid DNA와 bacterial DNA의 물리적 차이점에 의해 분리된다. 가장 큰 plasmid의 길이는 *E. coli*의 염색체 길이에 8% 밖에 되지 않으며, 대부분이 작다. Plasmid와 bacteria DNA의 구조에 차이로부터 분리하는 방법이 있다. Plasmid와 염색체는 구형인데 염색체는 extract 시 구형에서 선형조각으로 깨어지며, plasmid에는 구형으로 변화가 없다. 이 구조적인 차이점을 이용하여 정제된 plasmid를 얻을 수 있다.

2. 시약 및 기구

① solution A: lysis 용액

50 mM glucose 0.9 g

10 mM EDTA(pH 8.0) 2 mL

25 mM Tris.Cl(pH 8.0) 25 mL

D.W. Up to 100 mL

② solution B: 0.2 N NaOH 0.16 g
  1 w/v% SDS 0.2 g
  D.W. Up to 20 mL

③ solution C: 5 M potassium acetate 60 mL
  glacial acetic acid 11.5 mL
  멸균수 28.5 mL

④ 원심분리 튜브(멸균)

⑤ 미량 원심분리기

⑥ 얼음

⑦ phenol/chloroform 혼합액

⑧ 에탄올(100%, 70%)

⑨ 자동 피펫

⑩ RNase A

3. 실험방법

① Grow cell culture in LB broth + Ampicillin(100 μg/mL final conc.) 16시간 37℃ 에서 배양한다.

② 적당히 자란 cell을 원심분리 튜브에 옮겨 6,000 rpm에서 15분간 원심분리한다.

③ 상층액을 완전히 버리고 cell pellet에 solution A를 100 μL 넣고 혼합하여 완전히 섞은 뒤 원심분리 튜브로 옮긴다. 이때 vortexing해서는 안 된다.

④ 200 μL NaOH/SDS reagent(soln.B) 첨가하고 튜브를 조심스럽게 섞어준다. soln.2가 들어가면 투명하게 되며 점도가 높은 것이 ice-bed에 두면 점성이 낮아진다.

⑤ ice-cold solution C를 150 μL 첨가하여 조심스럽게 섞어주고 얼음에서 15분간 정치한다. soln.C가 들어가면 하얗게 되며 ice bed에 두면 점도가 낮아지고 liquid phase와 protein/gDNA phase가 구분된다.

⑥ 10분간 원심분리한다(4℃, 12,000 rpm).

⑦ 상층액을 새 튜브에 옮긴다.

⑧ phenol/chloroform 혼합액을 상층액과 동일한 부피로 섞어서 15초간 혼합한다.

⑨ 12,000 rpm에서 3분간 원심분리 후 새 튜브에 상층액을 옮긴다. ⑧, ⑨ 과정을 한 번 더 반복한다.

⑩ 상층액의 2배 부피의 에탄올을 넣고 얼음에 5분간 정치 후 12,000 rpm, 4℃에서 5분간 원심분리한다.

⑪ 상층액을 버리고 70%에탄올 500 μL로 pellet을 씻는다.

⑫ 12,000 rpm, 4℃에서 5분간 원심분리한 후 남아 있는 액체를 제거한다.

⑬ DNA pellet을 진공으로 말린다.

⑭ RNasa A가 20 μg/mL로 들어 있는 TE buffer나 PCR D.W. 20~50 μL로 DNA pellet을 녹인다.

4. 실험결과

5. 주의사항

① UV-흡광도기를 이용하여 DNA의 농도와 순도를 측정한다.

② 0.8~1.2% agarose gel에 전기영동을 하여 밴드를 확인한다.

(   )학과   학번 (   )   이름 (   )

Title	
Objective	
Principle	
Reagents and Apparatus	
Procedure	
Result	
Discussion	
Reference	

실험 6-2

RNA 추출

1. 실험원리

어떤 조직이나 세포에서 RNA를 추출할 때 가장 중요한 것은 세포가 파괴될 때 나오는 RNA 분해효소(RNase)를 불활성화시키는 것이다. 이 효소는 RNA를 매우 신속하게 파괴시키기 때문이다. RNA 분해효소 F를 제거하기 위하여 모든 초자기구를 가열처리하거나 RNA 분해효소를 억제하는 특이한 화학억제제를 사용하여야 하며, 후자의 방법이 널리 사용된다. mRNA의 추출은 먼저 RNA 분해효소 억제제인 guanidium isothiocyanate를 사용하여 세포를 파괴시키고 기계적으로 균질화하는 것이다.

2. 시약 및 기구

① TRIzol 용액
② 원심분리 튜브(멸균)
③ isopropanol
④ chloroform
⑤ 70% ethanol
⑥ DEPC water
⑦ PBS(Phosphate buffer saline: 인산 완충 식염수)
⑧ 미량원심분리기

3. 실험방법

① Cell를 차가운 ice PBS를 이용하여 2번 washing 후 깨끗이 배지를 제거한다.
② TRIzol을 1,000 μL/100 mm dish로 처리(on ice) 후 pipetting한다.
③ 새 튜브로 cell을 옮긴 후 chloroform 100 μL을 넣고 세게 흔든다.

④ ice에서 20분간 정치한다.

⑤ Cell을 4℃, 1,300 rpm, 30분간 원심분리한다.

⑥ 상층액을 새 튜브에 옮긴다(약 600 μL).

⑦ 상층액과 동일한 부피로 isopropanol(약 600 μL)을 넣고 혼합한다.

⑧ -70℃, 2시간 정치한다.

⑨ 4℃, 1,300 rpm, 30분 원심분리한다.

⑩ 상층액을 제거하고 70% Ethanol 500 μL로 넣어준다.

⑪ 4℃, 1,300 rpm, 5분간 원심분리한다.

⑫ 에탄올을 제거하고 건조한다.

⑬ DEPC water(30 μL)를 첨가한다.

4. 실험결과

5. 주의사항

① RNA는 깨지기 쉽기 때문에 추출할 때 조심해야 한다.

② RNA의 오염을 방지하기 위해 실험 시 실험장갑을 끼고 마스크를 착용하여 실험에 신중을 기한다.

(　　　　　　　　　　)학과　학번 (　　　　　　　　　　) 이름 (　　　　　　　　　　)

Title	
Objective	
Principle	
Reagents and Apparatus	
Procedure	
Result	
Discussion	
Reference	

실험 6-3

DNA와 RNA 정량

1. 실험원리

핵산이 함유된 용액에 의해 흡수되는 자외선의 양은 용액 속에 있는 핵산의 양에 비례한다. 보통 260 nm 파장에서 측정하며, 이 파장(A_{260})에서 1.0은 mL당 이중가닥 DNA 50 μg에 해당한다. DNA 용액에 의해 흡수되는 자외선의 양은 용액 속에 있는 DNA 용액의 260 nm와 280 nm에서 흡광도의 비율(A_{260}/A_{280})은 1.8이다. 1.8 이하의 비를 갖는 것은 페놀이나 단백질 같은 불순물이 있다는 것을 의미한다.

2. 시약 및 기구

① UV-흡광도기
② 자동 피펫
③ 석영 큐빗

3. 실험방법

① 추출한 DNA 및 RNA와 3차 증류수를 적당한 희석배수로 혼합한 후 석영 큐빗에 넣는다.
② UV 흡광도 안에 블랭크 할 증류수를 넣고 흡광도 260 nm, 280 nm 파장에서 영점을 맞춘다.
③ 시료를 넣고 흡광도 측정한다.

4. 실험결과

① DNA 농도(μg/mL): A_{260} × 50 × 희석배수 = x

② RNA 농도(μg/mL): $A_{260} \times 40 \times$ 희석배수 = x

③ 순도: $1.8 < A_{260}/A_{280} < 2.0$

(　　　　　　　　　　　　) 학과　　학번 (　　　　　　　　　　　　)　이름 (　　　　　　　　　　　　)

Title	
Objective	
Principle	
Reagents and Apparatus	
Procedure	
Result	
Discussion	
Reference	

easy to understand

제7장

세포배양 실험

제7장 세포배양 실험

1. 배지의 특징과 선택방법

1) 배지

배지란 세포나 조직이 양호한 생리적 조건을 가지고 정상적인 기능을 영위하기 위해 사용하는 배양액을 말한다. 가장 기본적인 구성성분을 포함하고 있는 배지를 기본배지(basal medium) 또는 합성 배지(synthetic medium)라 부른다.

기본배지에는 각종 아미노산, 비타민, 지질, 당질, 핵산염기, 무기염, 무기질 등 이미 알려진 저분자량의 성분이 포함된다. 기본배지만으로 증식하는 세포도 있지만 그 수는 많지 않다. 통상은 최적의 증식이나 분화기능을 발휘할 수 있도록 혈청을 기본배지에 첨가하는 경우가 많다.

기본배지에 혈청 대신 세포 접착인자나 세포 성장인자, 호르몬(hormone) 등 이미 알려진 성분을 첨가한 배지를 성분기지 배지(chemically defined medium)라 부른다. 기본배지나 성분기지 배지는 고순도 성분만을 포함하는 배지로, 혈청을 포함하지 않기 때문에 무혈청 배지(serum-free media)라고도 부른다. 또 반드시 고순도 성분은 아니지만, bovine serum albumin(BSA)이나 뇌하수체 추출물, 무혈청 배지로 배양하나 세포의 배양상청(상등액) 등을 혈청 대신 첨가한 배지도 넓은 의미로 무혈청 배지라고 한다.

2) 기본배지의 종류와 특징

세포 배양의 기본이 되는 배지는 저분자량의 기지성분만의 배지이다. 지금까지 세포 증식이나 생리기능 발현에 적합한 여러 종류의 기본배지가 개발되었고, 일반적으로 시판되는 액체배지나 분말배지를 녹여 이용하는 경우가 많다. 특히 Eagle 배지(Eagle's medium)로서, BME(Basal medium Eagle's), MEM(Minimum essential medium), DMEM (Dulbecco's modified Eagle's medium) 등이 잘 알려져 있다.

(1) BME 배지

BME 배지는 mouse L세포나 HeLa세포(human 자궁경부암 세포)의 생존·증식을 지표로 하여 개발된 배지로 세포노화 연구와 human dipoid 섬유아세포의 배양에도 사용된다.

(2) MEM 배지

MEM 배지는 human 접착성 세포주 등의 배양에 널리 이용되고 있다.

(3) DMEM 배지

DMEM은 Dulbecco 등에 의해 개발된 배지로 BME 배지의 아미노산이나 비타민의 양을 늘리고 pyruvic acid, glycine, serine, 철 등을 새로 첨가해 장기간의 배양에 적합하며, 다수의 세포 배양에 사용되고 있다. 이들 기본배지는 5~10% 정도의 fetal calf serum 등을 첨가해서 배양해야 최적의 세포증식을 얻을 수 있다.

199배지는 chick 배아 심근세포의 초대배양을 위하여 개발된 배지로 지용성 비타민 (vitamin A, vitamin E)이나 cholesterol 등 많은 성분을 포함하는 배지로 상피성 세포주의 배양 등에 적합하다.

(4) RPMI 배지

RPMI 배지(RPMI 1630, 1640 배지)는 미국 Rosewll Park Memorial Institute(RPMI)에서 개발된 배지로 glutathione이나 ascorbic acid 등의 환원제를 포함하여 hybridoma 세포나 human lymphocyter계 세포 등의 부유세포 배양에 적당하다.

(5) F10 배지, F12 배지

미량으로 혈청을 첨가해서 Chimese hamster 난소세포(CHO세포)의 소수세포 배양

(colony 증식)을 지표로 개발된 것이 HAM 배지(Ham's medium)로서 알려진 F10 배지, F12 배지이다. 이들 배지는 arginine 이외의 아미노산 농도가 낮고, 많은 세포의 colony 증식이나 초대배양에 이용되고 있다. 비교적 아미노산 농도가 높은 고밀도 배양에 적당한 DMEM 배지와 많은 영양성분이 포함되어 있는 HAM 배지를 혼합한 기본배지를 조제해서 세포배양에 사용하는 경우도 있다.

(6) MCDB 배지

MCDB 배지는 HAM 배지를 개량에서 미량금속이나 완충제인 HEPES 등을 포함하여 조직이나 기관으로부터 분리한 정상세포를 저혈청배지나 무혈청 배양할 때에 적합한 기본배지이다. 각각의 세포 영양 요구성에 맞게 MCDB104, 107, 131, 151, 202 배지 등이 이용된다.

(7) RITC80-7 배지

MEM 배지를 기본으로 미량금속이나 비타민류를 첨가한 RITC80-7 배지는 human diploid 섬유아세포의 무혈청 또는 저혈청 배양의 기본배지로 우수하다.

(8) 배지 선택 시 주의할 점

기본배지의 종류가 많기 때문에 최초에 세포주를 수립한 연구자의 논문을 참고하거나 세포 제공자(세포은행 등)에 문의해서 목적의 세포에 적합한 기본배지를 선택하는 것이 중요하다.

3) 혈청의 역할과 문제점

(1) 역할

최적의 세포증식이나 생리기능을 발휘하기 위하여 종종 혈청을 배지에 첨가한다. 혈청의 역할로서 영양성분, 비타민, 미량금속의 공급, 호르몬, 세포 성장인자 등의 공급, 배지 성분의 해독작용, 세포가 생산하는 증식 저해물질의 중화, pH, 삼투압, 배지 중의 CO_2나 O_2 농도 등 물리화학적 환경의 최적화, 세포 분산에 사용하는 단백질 분해효소의 저해작용 등 다양하다.

(2) 문제점

앞서 언급한 것과 같이 혈청은 다양한 기능을 가지고 있지만, 혈청을 배양에 이용하는 것은 많은 잠재적 문제를 가지고 있다. 혈청은 생물재료이기 때문에 lot마다 생물활성이 다르므로 품질이 좋은 lot를 선택할 필요가 있다. 혈청에 혼재하는 mycoplasma, virus, 광우병(BSE: bovine spongiform encephalopathy)의 원인이 되는 이상 프리온에 의한 감염의 위험도 있다. 또 광우병 발생국의 bovine 혈청 사용금지 등에 의해 공급체계의 불안정화, 혈청가격 급등의 문제도 있다.

(3) 해결방법

최근 혈청을 사용하는 배양법 대신 무혈청 배지에 의한 세포 배양법이 계속해서 개발되고 있다. 세포증식을 촉진하는 인자로서 기본배지에 포함된 성분 이외에 세포 성장인자, 세포 접착인자, 호르몬, 결합단백질, 지질 등이 밝혀져 있다.

4) 배양재료와 배양기구의 준비

(1) 배양재료

배지, 염류용액, trypsin/EDTA액은 혹은 autoclave(일부 배지 및 염류용액)에 의해 멸균한다. 또 이들 용액은 멸균 후 바로 사용하는 것이 아니라, 멸균의 확실성을 알기 위해 무균 test를 실시한다. 만약 세균, 진균 등에 오염된(전자는 하얗게 혼탁, 후자는 흰 균사체가 떠다닌다) 것이 판명되면 용액은 폐기하고 새롭게 조제하여 다시 멸균한다. 오염된 용액을 여과 혹은 autoclave로 처리하는 것에 의해 미생물은 죽지만 잔존하는 endotoxin 등의 독소에 의해 세포가 장해를 받을 수 있기 때문에 사용해서는 안 된다.

(2) 배양기구

① 피펫: 유리제 피펫(mespipette 및 pasteur pipette)은 미생물 감염 예방 때문에 솜으로 입구를 막고, pipette 통에 넣어서 건열멸균(160℃, 90분)한다. 솜으로 입구를 막는다고 해서 미생물 감염을 완전히 막는 것은 불가능하지만, 솜으로 입구를 막는 것에 의해 감염빈도가 확실히 감소한다. 면은 탈지면이 아니고 물을 잘 머금지 않는 이불솜을 사용하고, 끝이 굽은 핀셋으로 조심스럽게 막는다. 솜의 양은 피펫 종류에 따라 다르고, 꽉 막는 일 없이 또 너무 헐겁지 않도록 막는다. 꽉

막으면 용액의 흡입 및 배출이 곤란하게 된다. 거꾸로 헐거우면 흡입 및 배출 시 솜이 빠져 나와 오염을 일으킬 수도 있다. 실제로 피펫에 솜을 막아 물의 흡입 및 배출을 해보고 조작하기 쉬운 양을 파악하는 것이 중요하다.

② 원심관: 유리로 만든 원심관(10 mL 및 50 mL)은 제각각 aluminum cap 혹은 aluminum foil을 씌워 stainless rack에 세워 건열멸균(160℃, 90분)한다.

③ 배지병: 유리로 된 배지병(예를 들면, 100, 200, 500 mL 병, Ikemoto scientific technology)은 전용 screw cap을 느슨하게 해서 autoclave 멸균(2기압, 121℃, 15~20분)한다. 이때 병에 1~2 mL의 증류수를 넣어 autoclave 멸균하면 고온·고압의 증기가 병 안에서도 발생해서 더욱 확실하게 멸균할 수 있다.

5) 무균 조작

(1) Clean room에의 입실

Clean room에의 입실하기 전에 필요한 배양재료, 기구 등을 정리해 둔다. 비누로 손을 깨끗하게 씻는다. 살균등을 끄고 light를 점등하고 fan(공기청정기)의 switch을 넣어 멸균공기를 유입시키고 필요한 것을 반입한다. 이때 clean room의 입구에서 전용 실험복(멸균한 무균복 혹은 청결한 흰 가운) 및 sandal을 착용한다. 장갑을 끼고, 반입한 것에 70% alcohol을 분무하여 소독하고, clean bench 옆의 실험대에 둔다. 이상이 일반적인 순서이지만, clean room 출입은 최소한으로 줄이는 것이 중요하다. 무균작업이 종료하면, clean room의 fan 및 light를 끄고, 살균등을 점등해 둔다. 적어도 일년에 한번은 filter 세정을 한다.

(2) Clean bench에서의 조작

살균등(UV등)을 끄고 light를 점등하고 fan의 switch를 넣어 멸균 공기를 주입시킨다. Bench 내를 70% alcohol로 닦아 깨끗이 하고, gas burner를 점화한다. 배지병, pipette통 등 실험에 필요한 기구를 bench 안에 넣는다. 배지병이나 pipette통의 뚜껑을 열 때는 병이나 통의 입구 주위로부터 미생물이 혼입할 위험이 있기 때문에 뚜껑 주변을 가볍게 화염멸균하고 나서 뚜껑을 연다. 피펫은 통에서 꺼내면 gas burner로 가볍게 화염멸균하고 나서 사용한다. 세균은 위에서 떨어져 배지 중에 혼입하기 때문에 배지병이나 배양접시는 장시간 열어 놓지 말고, 또 뚜껑을 연 배지병이나 배양접시 위로 손이 지나가지 않도록 주의하는 것이 중요하다. 무균작업이 끝나면 배양접시를 CO_2 incubator 안에 정치해서 배양한다. 모든 작업이 완료하면, bench 안을 정리하고 70% alcohol로 깨끗이 닦아서 fan과 light를 끄고 살균등을 점등해 둔다.

6) 미생물 오염을 일으킨 경우의 처치

세균 혹은 진균에 감염되어 배지가 하얗게 탁해지거나 흰색 균사체가 떠다니는 것을 발견했다면, 즉시 그 배양용기를 꺼내 폐기한다. 그때 차아염소산 혹은 autoclave 처리해서 다른 것에로의 오염 확대를 방지한다. 또 오염된 배양용기에 사용한 배지는 사용을 일시중지하고 무균 test를 행하여 오염이 없는 것을 확인하고 나서 재사용한다.

2. 세포주 배양방법

1) 세포주(cell line)

정상세포는 유한 증식성이지만, 이들 세포에 simian virus 40(SV40) large T항원 유전자와 같은 virus 암 유전자를 도입하면 무한 증식성의 세포가 출현해서 세포주화하는 것이 있다. 또한 배양과정에서 저절로 어떤 유전자 변이를 일으키고, 무한 증식성을 획득해서 세포주화하는 것도 있다. 이러한 현상은 인간 세포에서는 대단히 드물지만, 설치류 세포에서는 비교적 자주 발생한다. 생체로부터 분리해서 배양계로 옮긴 암세포는 배양조건이 맞지 않아 사멸하는 것도 있지만, 한번 증식을 시작하면 대부분은 끝없이 증식할 수 있게 되어 세포주화한다.

이들 세포주는 분자생물학이나 세포생물학 분야의 연구에 널리 사용되고 있다. 그 이유는 세포주가 무한 증식성을 가지고 있는 점, 그것의 성질이 잘 조사되어 있는 것 등이다. 게다가, 현재까지 수많은 세포주가 수립되어 있고, 세포은행으로부터 쉽게 입수가 가능하기 때문이다. 세포주는 가볍게 이용할 수 있어서 편리하지만, 초대 배양세포와는 달리 오랜 배양 기간을 거쳐 세포주화되는 과정에서 본래 생체 내에서 가지고 있던 성질이나 기능 일부 혹은 대부분을 잃어버리는 경우가 많다.

2) 세포주의 계대

생체에서 분리한 세포를 배양(초대배양: primary culture)하면 많은 경우 세포는 서서히 증식해서 배양용기에 가득 차게 되어 증식을 정지한다. 그러나 세포를 박리하고 그 일부를 신선한 배지로 분산해서 새로운 용기로 옮기면, 세포는 다시 증식을 시작한다. 이렇게 세포를 다른 용기로 옮기는 조작을 계대(passage, transfer)라고 하고, 이렇게 한 배양을 계대배양(subculture)라고 한다. 이렇게 하여 계대배양을 지속하면, 어떤 세포는 일정 횟수 분열한 후 증식 능력을 잃고 죽어간다. 이들 세포는 말하자면 유한 수명을 가진 것이고, 세포계(cell strain)라고 부른다. 한편, 어떤 세포는 배양기간 중에 무엇인가의 변이를 일으켜서 무한으로 증식하게 되는 것이 있다. 이들 세포는 세포주(cell line)라고 부른다.

3) 세포주의 특징과 취급상의 주의점

세포주는 수많이 존재하지만, 완전히 동일한 것은 없고 제각각 특이한 성질을 가지고 있다. 예를 들면, 특이 유전자의 발현 혹은 결손, 특이산물의 생산, 특정 증식인자 감수성, virus 감수성 등이 있다. 제각각 세포주 고유의 성질은 배양조건에 따라 영향을 받아 변화하기 때문에 세포주를 사용하여 실험을 수행할 때에는 그 세포주의 배양조건을 정확히 파악해야 된다. 특히 배지와 계대방법은 중요하다.

4) 세포주 계대배양의 주의점

세포주를 사용하여 실험을 하기 위해서는 세포를 계대배양해서 대량으로 늘려야 한다. 먼저 사용하는 세포의 적절한 계대배양의 조건(희석률, 계대 간격 등)을 알기 위해서 그 세포의 증식곡선을 작성하는 것이 중요하다.

계대 후의 세포 증식 pattern은 4개의 기간으로 크게 구별한다. 첫째는 유도기(lag phase)이다. 이 시기는 세포 박리에 의한 손상을 회복해서 새로운 환경에 적응하기 위한 시간대인데 일부의 세포는 회복하지 못하고 죽음에 이르는 것도 있다. 이 시기에는 세포는 거의 증식하지 않는다. 이것을 지나면 세포는 활발하게 증식하고, 대수증식기(logarithmic growth phase)로 부른다. 그리고 정체기(stationary phase)를 맞이한다.

이 시기는 세포의 밀도 상승, 영양분의 고갈, 노폐물의 축적 등에 의해 증식을 정지한 상태이다. 그 뒤 사멸기(death phase)에 들어간다. 정체기 이후의 상태는 세포의 종류나 배양환경에 따라 다르고, 이 상태에서 비교적 장기간 유지되는 것 혹은 서서히 사멸하는 것이 있다. 따라서 세포를 양호하게 유지하기 위해서는 정체기에 장기간 두지 않는 것이 중요하다.

(1) 계대 timing

유도기나 대수 증식기의 초기는 세포수가 적어 계대에 적당하지 않다. 세포를 지속적으로 증식상태에 둘 필요가 있을 때는 대수증식기의 중간 정도에 계대를 하면 된다. 그러나 이 경우에는 계대 간격이 짧고, 계대 빈도가 높아 미생물 오염의 확률이 높아지므로 주의를 요한다. 통상 계대는 대수증식기의 끝 무렵에 실시한다.

(2) 희석률

통상의 배양에서는 배양용기에 가득찬(confluent) 세포를 1:4~1:16 정도로 희석해서 접종하고, 일주일에 1회 계대를 목표로 한다. 너무 희석해서 세포수가 적은 경우는 증식의 유도기 연장이 일어나고 사멸해 버릴 염려가 있다. 거꾸로 희석률이 낮아 세포가 너무 많으면, 빈번하게 계대를 하게 되어 미생물 오염의 기회가 늘어나기 때문에 주의를 요한다. 계대상의 접종 세포수는 부유 배양계 혹은 접착 배양계 세포에 따라 다르지만, 일반적으로 전자는 1×10^5 cells/mL, 후자는 1×10^4 cells/cm^2를 목표로 한다.

실험

7-1 효소 처리에 의한 세포박리: trypsin/EDTA에 의한 일반적 접착성 배양세포의 회수세포 박리방법

1. 실험원리

배양세포는 단백질을 매개로 배양기질(예를 들면, plastic, 세포 외의 matrix 등)과 접착하고 있다. 또 세포와 세포와의 결합에는 Ca^{2+} 등의 금속 ion이나 단백질이 관여하고 있다. EDTA에 의해 Ca^{2+} ion을 제거하고 trypsin에 의해 단백질을 소화하면 세포는 하나하나로 유리 가능한 상태가 된다. 이것에 pipetting 조작에 의한 물리력을 더하면 세포는 하나하나로 떨어진다. Cell scraper(rubber policeman)로 떼어 내는 기계적 방법에서는 세포와 배양기질과의 사이의 결합은 물리적으로 절단되지만, 세포 간 결합은 원래 그대로이고 단일세포로 분산되지 않는다. 임계온도(30℃) 근방에서 gel로부터 sol로 변화하는 온도 감수성 polymer(예를 들면, poly-N-isopropyl acrylamide: PNIPAAm)상에서 세포를 배양하면, 온도를 30℃ 이하로 낮추는 것에 의해 sheet 상태의 세포를 회수할 수 있다. 또 계면활성제를 배양세포에 사용하면 세포막이나 핵막이 파괴되어 액상화된 세포성분을 회수할 수 있다.

2. 시약 및 기구

① PBS(phosphate buffer saline: 인산 완충 식염수)

② 0.2% trypsin/0.02% EDTA

③ 0.5% trypan blue 액

3. 실험방법

① 배지를 제거하고 배지 중의 혈청의 영향을 없애기 위해 PBS로 1회 세정한다.

② 0.2% trypsin/0.02% EDTA를 첨가해서 CO_2 incubator 안에서 정치한다. 일반적으로 5~10분간의 incubation에 의해 세포는 둥글게 된다. 적절한 incubation 시간은

세포의 종류에 따라 다르기 때문에 현미경으로 확인한다.

③ 세포가 둥글게 되었다면 혈청이 들어간 배지 혹은 무혈청 배양하고 있는 경우는 trypsin inhibitor를 포함한 배지를 첨가하여 trypsin 작용을 억제하고 피펫팅해서 세포를 원심관에 모은다.

④ 세포수 계산용의 sample(50~100 μL)을 취하고, 남은 세포 부유액은 ice에 둔다.

⑤ 세포 배양수 계산용의 세포 부유액에 1/2 양의 0.5% trypan blue액을 첨가하고, 살아있는 세포(밝은 황백색으로 빛나 보인다)와 죽은 세포(흡수된 trypan blue에 의해 핵은 진한 청색, 세포질은 엷은 청색을 띤다)를 도립현미경으로 count하여 살아있는 세포의 생존율을 결정한다.

4. 실험결과

5. 주의사항

① trypsin 처리를 너무 오래하면 세포 생존율이 떨어지기 때문에 조심해야 한다.

(   ) 학과 학번 (   ) 이름 (   )

Title	
Objective	
Principle	
Reagents and Apparatus	
Procedure	
Result	
Discussion	
Reference	

실험 7-2

부유성 세포주의 계대배양(pipetting법)

1. 시약 및 기구

① 각종 mass 및 dropping pipette

② Micropipette

③ 신선한 배지

④ 배양용기 예 100 mm dish

⑤ 원심관

⑥ 세포계대 용구 일체

2. 실험방법

① 부유세포 배양액을 pipetting해서 세포를 분산시킨다.

② 원심관에 모아서 원심분리(1,000 rpm, 10분)한다.

③ 상등액을 제거하고 세포를 신선한 배양액에 분산시켜 50 μL를 따서 세포수를 계수한다.

④ 세포 부유액의 농도가 1×10^5 cells/mL이면 배지에 희석한다.

⑤ 예를 들면, 100 mm dish당 10 mL 접종해서 배양한다.

3. 실험결과

4. 주의사항

① 부유세포는 세포수가 전체 dish에 80% 이상 증식되지 않게 한다.

② 세포의 군락(aggregation)을 관찰한다.

(   )학과   학번 (   ) 이름 (   )

Title	
Objective	
Principle	
Reagents and Apparatus	
Procedure	
Result	
Discussion	
Reference	

실험

7-3 접착성 세포주의 계대배양(효소처리법)

1. 시약 및 기구

① PBS(Phosphate buffer saline: 인산 완충 식염수)

② 0.2% trypsin/0.02% EDTA

③ 신선한 배지

④ 배양용기 예 100 mm dish

⑤ 각종 mass 및 dropping pipette

⑥ Micropipette

⑦ 원심관

⑧ 세포계대 용구 일체

2. 실험방법 A

① 배지를 제거하고 배양 중 혈청의 영향을 없애기 위해 PBS로 1회 세정한다.

② 0.2% trypsin/0.02% EDTA를 첨가한 후 CO_2 incubator 안에서 5~10분간 정치한다. 때때로 현미경으로 세포를 관찰해서 세포가 둥글게 되면 혈청이 들어간 배지 또는 무혈청 배양을 하고 있는 경우는 trypsin inhibitor를 포함한 배지를 더해 trypsin 작용을 멈추고, pipetting해서 세포를 원심관에 모은다.

③ 원심분리(1,000 rpm, 5분) 후 상등액을 제거하고 신선한 배지에 분산시켜 50 μL를 취해 세포수를 계측한다. 세포 부유액의 농도가 1×10^4~1×10^5 cells/mL이 되도록 희석하는데, 예를 들면 100 mm dish당 10 mL 접종(5×10~1×10^6 cells/dish; 1~2×10^4 cells/mL)해서 배양한다.

3. 실험방법 B

① 위에서 기술한 것 같이 배지를 제거하고 PBS로 1회 세정한다.

② 0.2% trypsin/0.02% EDTA를 첨가해서 배양면 전체에 골고루 가게 하고, 바로 흡인 및 제거한다. 즉시 CO_2 incubator에 넣어 5~10분간 incubation한다. 현미경으로 관찰하여 세포가 둥글게 되었다면 신선한 배지를 첨가해서 pipetting에 의해 세포를 분산한다.

③ 세포수를 계측하여 세포 부유액을 희석해서 적당한 농도로 조정한다. 즉시 세포를 접종하여 배양한다.

4. 실험결과

5. 주의사항

① 세포 박리가 제대로 되지 않으면 세포가 손실될 수 있다(세포 계대율 낮음).

② 세포배양은 세포가 50~60%일 때 계대배양을 하는 것이 좋다.

(　　　　　　　　　　　)학과　　학번 (　　　　　　　　　　　)　이름 (　　　　　　　　　　　)

Title	
Objective	
Principle	
Reagents and Apparatus	
Procedure	
Result	
Discussion	
Reference	

실험

7-4 세포 저장

1. 시약 및 기구

① DMEM-FBS(fetal bovine serum) 10% 배지

② DMSO(dimethyl sulfoxide)

③ 저장 튜브: -70℃ 이상에서 견딜 수 있는 용기

④ 배양용기 예 100 mm dish

⑤ 각종 pipette

⑥ 원심관

2. 실험방법

① 배양하듯이 trypsin 처리하고 DMEM-FBS 10%가 있는 상태에서 cell과 배지를 함께 4~5 mL를 tube에 넣는다.

② 원심분리(1,800~2,000 rpm, 10분, 4℃)한다(cell을 다운시킨다).

③ DMSO(동물세포: 10% DMSO, 미생물: 50% glycerol) 1개의 dish(약 100 mL)이면 stock은 1 mL 한다. 이때 DMSO(1 mL) = 100 μL(DMOS) + 0.9 mL(FBS)

④ stock tube을 꺼내고 이름을 쓴다.

⑤ 원심분리해서 나온 것을 상층액을 버리고 3번 혼합액을 1 dish당 1 mL씩 넣고 섞어준다.

⑥ ⑤의 혼합액을 1 mL씩 따서 stock tube에 넣는다(잠글 때 돌리면 딱 하는 느낌이 난다. 잘못 잠가 버리면 풀 때 터지니까 조심!!).

⑦ freezing container의 온도를 70℃로 맞춘 후 ⑥을 넣어 overnight한다.

⑧ 질소탱크에 넣는다.

(   ) 학과   학번 (   ) 이름 (   )

Title	
Objective	
Principle	
Reagents and Apparatus	
Procedure	
Result	
Discussion	
Reference	

easy to understand

제8장

유전체학 실험의 원리

제8장 유전체학 실험의 원리

유전체학(genomics)이란 유전자들의 구조 및 기능을 밝히는 총체적인 연구를 의미한다. 혁신적인 기술을 통하여 얻어진 풍부한 정보들은 의학, 생물학, 산업분야 등 전반적으로 다양한 연구에 박차를 가하게 하였다. 이 장에서는 유전체학 분야에서 광범위하게 사용되는 몇 가지 주요한 분자생물학적 기법들을 소개하고자 한다.

1. 중합효소연쇄반응

중합효소연쇄반응(PCR: polymerase chain reaction)은 *Thermophilus aquaticus*라는 미생물로부터 분리된 열에 안정한 Taq 중합효소와 표적 DNA의 측면 서열을 바탕으로 작성된 프라이머(primer)를 사용하여 복잡한 게놈이나 미량의 DNA 용액에서 특정 DNA 단편만을 선택적으로 증폭시킬 수 있는 빠르고 간단한 방법이다. 표적 DNA를 가열하면 두 가닥이 서로 풀어지고 식으면서 첨가된 프라이머가 표적 DNA 측면의 상보적인 서열에 부착된 후 DNA 복제에 필요한 dNTP를 이용하여 주형을 복제해 나간다. 한 과정을 통하여 표적 DNA는 두 배가 되고 약 40주기를 반복하면 단일 DNA 단편은 거의 1조 배 정도로 증폭된다.

2. 분자 클로닝

분자 클로닝(molecular cloning)은 공여세포에서 추출된 DNA를 제한효소(restriction enzyme)로 자르고 그 절편을 벡터(vector)에 삽입하여 재조합 DNA를 만든 다음 숙주세포에 주입, 복제가 가능하도록 하는 일련의 분자생물학적 기법을 말한다. 이 기법을 통하여 원하는 특정 단백질(recombinant proteins)의 대량 생산과 형질전환 동물(transgenic animal)을 비롯한 다양한 유전자 변형 유기물(GMO: genetically modified organisms)의 생산도 가능하다. 또한 제초제 저항성 식물 혹은 유용 물질을 생산하는 식물의 제조 등 산업적 소득 증대를 위해 다양한 방식으로 이용되어 왔다. 뿐만 아니라 질병치료 및 유전적 장애요인을 제거하기 위한 유전자 치료법에도 사용이 가능하다.

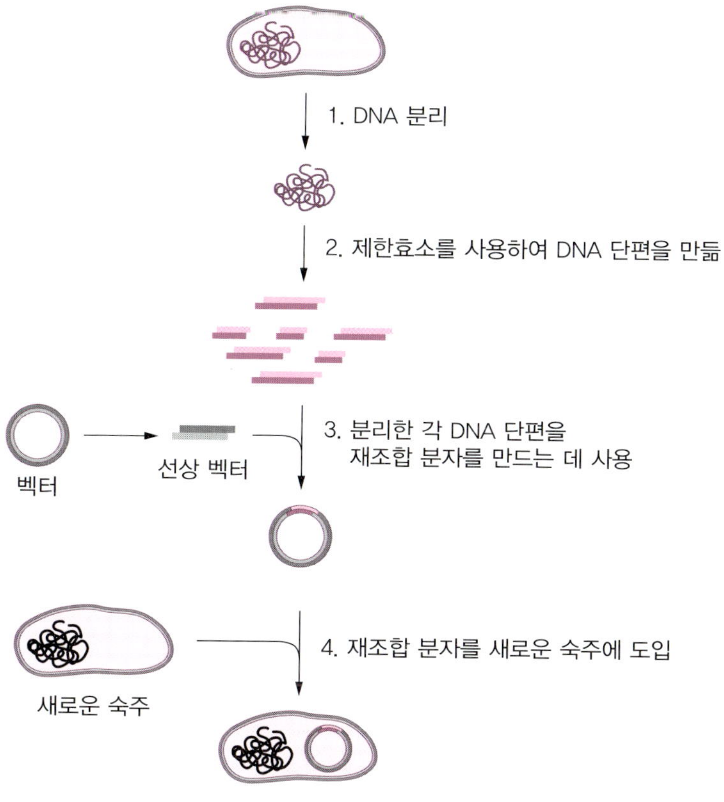

그림 8-1 분자 클로닝

분자 클로닝은 숙주세포와 클로닝 벡터의 선발에서 시작한다. 클로닝의 목적이 특정 단백질의 대량 생산이라면 발현 벡터(expression vector)를 사용할 수 있다. 동일한 제한효소를 사용하면 외래 유전자와 벡터 내 서로 DNA 서열이 동일한 말단들이 노출되고 공유결합을 통해 DNA 절편의 삽입이 가능한데 벡터 선택은 특히 공여 DNA의 크기에 달려 있다. 공여세포로부터 추출된 DNA는 오염물질의 제거를 위해 정제과정을 거치며, PCR을 통해 증폭 후 사용되기도 한다. 또한 RNA로부터 역전사과정을 통해 생성된 cDNA나 합성 DNA도 사용 가능하다. 상보적인 서열을 가진 DNA 절편을 벡터에 결찰시키는 과정(ligation)은 DNA ligase에 의해 이루어지며 재조합 DNA를 살아 있는 세포로 전이하는 방법에는 형질전환(transformation), 형질도입(transduction), 형질주입(transfection), 전기천공법(electroporation) 등이 있다. 재조합 DNA가 삽입된 숙주세포를 선발하는 과정은 박테리아가 숙주세포로 사용될 경우 항생제 저항성을 보유한 유전자 마커(marker)를 사용하여 선별이 가능하다.

3. 게놈 도서관

게놈 도서관(genomic library)이란 단일 유기물로부터 유래된 전체 게놈 DNA 혹은 게놈의 단편에서 얻어진 클론(clone)들을 수집한 것을 말한다. 즉, 유기물의 전체 DNA를 추출하고 정제한 다음 적정 제한효소를 이용하여 특정한 크기의 단편들로 자른다. 이 단편들을 분자 클로닝 방법에 따라 대장균이나 효모에 주입한다. 원하는 서열의 DNA를 가진 벡터들을 분리하기 위해 게놈 도서관을 스크린해야 하는데 대표적인 방법이 콜로니 혼성화(hybridization)방법이다. 도서관에 사용된 숙주세포들은 단지 하나의 벡터만을 가지는 특성이 있다. 전체 게놈 도서관을 배지 위에 키워 콜로니를 형성시키고, 그 위에 같은 크기의 나이트로셀룰로오스 여과지를 덮어 세포들을 흡착시킨다. 그 다음 여과지 위에서 세포를 용해하여 DNA를 방출시키고 방사성 표지탐침(probe)를 사용하여 탐침과 혼성화하는 DNA 서열을 가진 세포를 자가 방사선상 위에서 확인한다.

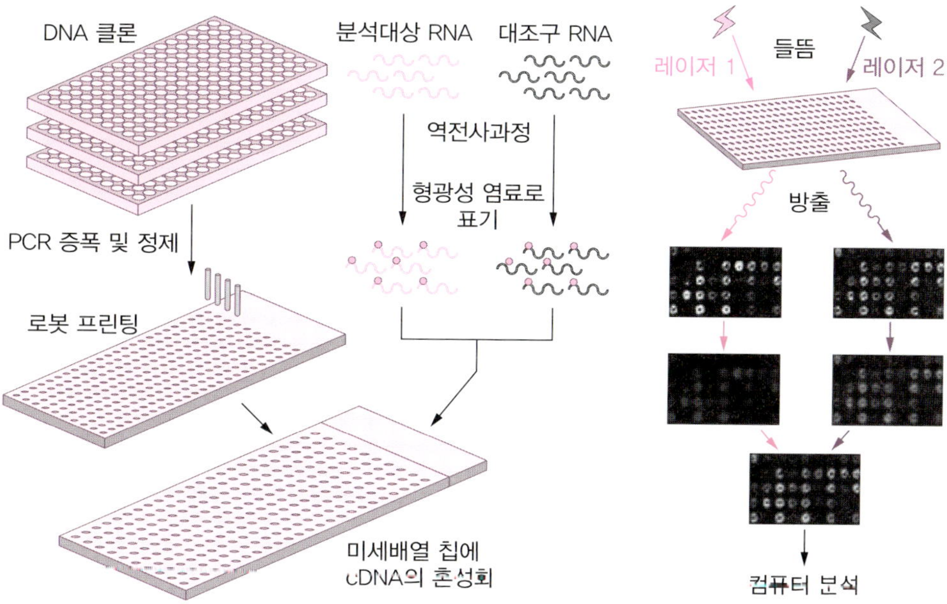

그림 8-2 DNA 미세배열 기술

4. DNA 미세배열

DNA 미세배열(microarray)은 유리 혹은 플라스틱 같은 고체 지지물 위에 picomole 수준의 수천 혹은 수십만 개 이상의 작은 올리고뉴클레오타이드들(oligo-nucleotides), 즉 탐침을 부착하여 만들며 DNA 칩 혹은 바이오칩이라고도 부른다. 미세배열에 사용되는 DNA 탐침은 시료로 사용되는 cDNA와 cRNA에 혼성화된다. 즉, cDNA를 형광성 염색으로 표지한 후 혼성 반응 조건에서 미세배열과 배양한 다음 세척하여 미혼성 분자를 제거한다. 광전증폭관(photomultiplier tube)과 컴퓨터를 사용하여 형광하는 미세배열상의 위치를 파악함으로써 발현되는 유전자를 알 수 있다. 이러한 방법은 정상적인 세포와 암세포와 같은 비정상적인 세포 간의 유전자 발현의 차이를 분석하여 암 유발 기작 및 치료 등 다양한 분야에 사용할 수 있다.

5. 염색체 걷기

염색체 걷기(chromosome walking)는 게놈 도서관 내 한 개의 클론에서 시작된다. 첫 번째 클론에 삽입된 DNA와 중복되는 일부 서열을 갖는 두 번째 클론을 찾아낸다. 다시 두 번째 클론에 삽입된 DNA 서열의 일부와 중복된 서열을 가진 세 번째 클론을 찾아나간다. 이런 식으로 양쪽 방향으로 원하는 유전자를 찾아가는 방식이 염색체 걷기이다. 그러나 작은 크기의 DNA 단편이 삽입되어 있는 클론이 많을 경우 그리고 유사한 서열이 전체적으로 유전자에 분포되어 있을 경우 실험 속도에 제한이 된다. 이러한 단점을 극복하고자 모든 게놈 도서관 내 클론들을 대상으로 시작 클론을 탐침으로 사용하여 혼성화 과정을 통해 선발하는 방법을 사용하기도 한다.

실험 8-1

Total RNA의 추출

1. 실험원리

동물세포 내에는 rRNA, mRNA, tRNA, 조절 RNA 등 다양한 종류의 RNA가 존재한다. 상업용 TRIzol 시약을 사용하여 세포나 조직으로부터 total RNA를 분리할 수 있다. RNA 분리 시 특히 오염되거나 파손되지 않도록 주의하며 추출된 RNA는 RT-PCR, Northern blot analysis, Dot blot hybridization, RNase protection assay 등 다양한 분자생물학 기법에 사용한다.

2. 시약 및 기구

① 시약(분자생물학 실험용): 상업용 TRIzol 시약(phenol, guanidine isothiocyanate 등 함유), 클로로포름, 이소프로판올, DEPC 처리된 75% 에탄올

② 기구: 볼텍스 믹서(vortex mixer), 균질기(homogenizer), 항온수조(water bath), 미량피펫, 미량 원심분리기

③ 기타: RNase 무함유 증류수, 미량 원심분리기용 튜브, 미량피펫 팁, 보호안경 및 장갑, 15 mL falcon 튜브, 시료 채취용 scalpel 및 핀셋

3. 실험방법

① 초저온(-80℃)에 저장된 조직으로부터 약 50~100 mg의 시료를 채취하여 15 mL falcon 튜브에 넣는다.

② TRIzol 시약 1 mL를 첨가한 후 균질기를 사용하여 시료를 완전히 분쇄한 다음 5분 동안 상온에 정치한다(시료의 양에 따라 비례적으로 TRIzol 시약을 증가시킬 수 있다).

③ 클로로포름 0.2 mL(1 mL TRIzol 기준)을 첨가한 후 15초 동안 볼텍스 믹서를 사용하여 맹렬히 혼합해 준다.

④ 상온에서 2~3분 정치한 후 미량 원심분리기를 이용하여 4℃에서 12,000×g, 15분 동안 원심분리한다.

⑤ 원심분리 후 3가지 층(빨간색의 phenol-chloroform 아래층, 중간층, 무색의 위층) 중에서 가장 상단의 무색층을 조심스럽게 미세피펫으로 뽑아 미량원심분리기 튜브에 담는다(다른 2개의 층은 DNA와 단백질을 분리하는 데 사용 가능하다).

⑥ 이소프로판올 0.5 mL를 첨가하여 조심스럽게 혼합한 다음(1 mL TRIzol 사용량 기준) 10분 동안 상온에서 정치한다.

⑦ 원심분리를 실시한다(12,000×g, 10분, 4℃).

⑧ 상층액을 버리고 침전된 RNA를 75% 에탄올 1 mL로 간단히 vortexing하여 세척 후 원심분리를 실시한다(7,500×g, 5분, 4℃).

⑨ 침전된 RNA를 5~10분 동안 건조시킨 다음 RNase 무함유 증류수로 녹인다.

4. 실험결과

① 희석된 RNA 용액의 농도 계산방법(μg RNA/mL) = A_{260} × 희석배수 × 40

① RNA 순도 측정: $A_{260/280} > 1.8$

① Formaldehyde agarose gel에 전기영동을 실시하여 추출된 RNA를 확인한다.

( ) 학과 학번 ( ) 이름 ( )

Title	
Objective	
Principle	
Reagents and Apparatus	
Procedure	
Result	
Discussion	
Reference	

실험

8-2 Reverse transcription polymerase chain reaction

1. 실험원리

분리된 total RNA를 사용하여 역전사과정을 통해 cDNA를 합성한다. 합성된 cDNA를 대상으로 원하는 유전자에 적합한 프라이머를 사용하여 real-time PCR를 실시하므로 최초 시료 내 mRNA 함량의 차이를 비교, 분석하여 유전자 발현의 정도를 파악한다.

2. 시약 및 기구

① Reverse transcription(RT) 반응용액: DNase 처리한 RNA(1 μg), 2 μL random hexamers(60 μM), 0.5 μL transcriptor reverse transcriptase(10 U), 2 μL dNTP 용액(각 1 mM), 0.5 μL RNase inhibitor(20 U), 4 μL 5× RT buffer(8 mM $MgCl_2$)에 증류수를 첨가하여 최종 20 μL로 조정

② Real-time PCR 반응 용액(20 μL): 10 μL SYBR green mix(2×), 2 μL cDNA 용액, 2 μL 프라이머쌍(각 1 μM), 증류수 6 μL

③ PCR 튜브(200 μL)와 96 wells plate

④ 미세피펫 및 팁

⑤ 기구: thermal cycler, real-time PCR, 미량원심분리기

3. 재료 및 방법

1) 역전사과정(cDNA 합성)

① RT 반응용액 20 μL를 PCR 튜브에 담아 온화하게 혼합한 뒤 간단히 원심분리하여 반응용액을 튜브 바닥으로 모은다.

② 튜브를 thermal cycler에 장착하고 25℃ 10분, 50℃ 60분 동안 반응시킨 다음 85℃ 5분 동안 역전사효소를 불활성화시킨다(단, 배양조건은 사용하는 reverse transcriptase

의 종류와 표적 mRNA의 크기에 따라 달라진다).

③ 다음 단계를 위해 시료를 -20℃에 보관한다.

2) Real-time PCR

① 반응용액 20 μL를 96 wells plate에 각각 첨가하고 real-time PCR에 장착한다.

② 95℃로 5분 동안 반응시킨 후 40 cycles(95℃ 10초, 50~65℃ 20초, 72℃ 5~20초) 동안 PCR을 실시한다. 증폭하려는 DNA 크기와 프라이머의 GC 함량을 고려하여 반응조건을 설정한다.

4. 실험결과

① Real-time PCR 이후 증폭 커브의 용출 시기를 조사하여 시료 간 유전자 발현 정도를 비교한다. -시료 간 비교를 위하여 β-actin과 같은 housekeeping 유전자 함량을 함께 조사한다.

② 반응물을 1% agarose gel에 전기영동하여 RT-PCR 생성물을 확인한다.

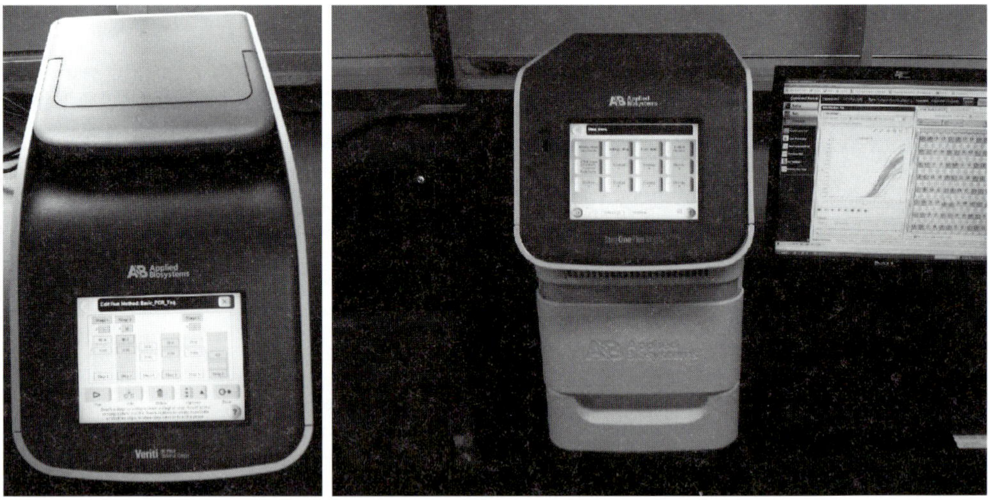

그림 8-3 Thermal cycler와 real-time PCR

(　　　　　　　　　　)학과　학번 (　　　　　　　　　　)　이름 (　　　　　　　　　　)

Title	
Objective	
Principle	
Reagents and Apparatus	
Procedure	
Result	
Discussion	
Reference	

easy to understand

제9장

실험쥐의 해부

제9장 실험쥐의 해부

동물의 이해는 해부학적 구조의 이해로부터 시작한다. 척추동물의 해부학적 기본조직은 골격계통, 근육계통, 내분비계통, 림프계통, 비뇨계통, 생식계통, 소화계통, 순환계통, 신경계통, 피부계통, 호흡계통 등으로 구분된다. 본 장에서는 실험쥐(rat)의 영양생리학적으로 중요한 소화계통과 발생, 번식과 관련된 비뇨, 생식계통의 기관들에 대하여 간략히 소개하고자 한다.

1. 소화계통(digestive system)

실험쥐의 소화기관은 입에서부터 식도, 위, 소장, 대장을 거처 항문에 이르기까지 점막으로 덮여 있는 긴 튜브 모양의 기관과 여기에 소화작용을 도와주는 타액선, 췌장, 간 등의 부속기관으로 구성된다.

1) 타액샘(salivary glands)

이하샘, 악하샘 및 설하샘 등 3개의 큰 타액선이 구강 양쪽에 각각 존재한다. 이 중 이하샘은 제일 큰 타액샘으로 귀의 바로 뒤에서 목의 바깥 측면을 지나 어깨까지 펴져 있다.

2) 복강(abdominal cavity)과 흉강(thoracic cavity)

횡격막에 의해 체강은 흉강과 복강으로 이분된다. 앞쪽의 흉강에는 폐와 심장이 존재하고 뒤쪽의 복강은 간, 위, 소장, 대장 등의 기타 소화기관들을 수용한다. 또한 소화기관 주위에는 장액이 존재하여 때때로 발생하는 강한 움직임에도 내장기관이 손상되지 않도록 윤활작용을 한다. 장액이 생산되는 장막은 흉강내면을 덮는 흉막과 복강 내면을 덮는 복막으로 구분된다.

3) 식도(esophagus)와 위(stomach)

인두와 위를 연결하는 식도는 분비세포가 없는 유일한 근육성 기관이며, 사료와 음수의 섭취 통로로 이용된다. 위는 단백질 소화를 개시하는 곳으로 크게 앞위(fore-stomach), 위저부(중앙 부위), 유문부(십이지장이 연결되는 잘록한 부위), 대만(장 쪽의 볼록한 만곡부위), 소만(간 쪽의 오목한 만곡부위) 등으로 구분된다.

4) 소장

소장점막은 주름처럼 접혀진 모양의 융모상피 세포가 존재하고 그 표면에 무수한 미세융모(microvilli)가 분포되어 있다. 십이지장(duodenum)에 간과 췌장이 관을 통해 연결되어 있고 십이지장 점막세포에서는 여러 종류의 소화효소가 포함된 장액을 분비한다. 공장(jejunum)은 십이지장과 더불어 각종 영양소의 흡수가 일어난다. 소장의 마지막 부분인 회장(ileum)의 표면은 페이에르판(Peyer's patch)으로 인해 융기되어 있고 회장결장판막(ileocolic valve)를 통해 대장에 연결되어 있다. 소장의 전체 길이는 코에서 항문까지 길이(몸 길이)의 6배가량 된다.

5) 대장

대장은 소장의 내강 직경보다 크고 근육층이 두껍다. 회장에 연결되어 있는 커다란 주머니 모양의 맹장(caecum)과 결장(colon) 및 직장(rectum)으로 구성되어 있다. 특히, 맹장쪽의 결장을 상행결장(ascending colon), 직장 쪽의 결장을 내림결장(하행결장: descending colon)이라고 한다. 대장에서 분비되는 분비물에는 소화효소가 없고,

중탄산염과 같은 점액이 함유되어 있다. 수분의 흡수가 가장 활발하며 다양한 미생물들이 존재한다.

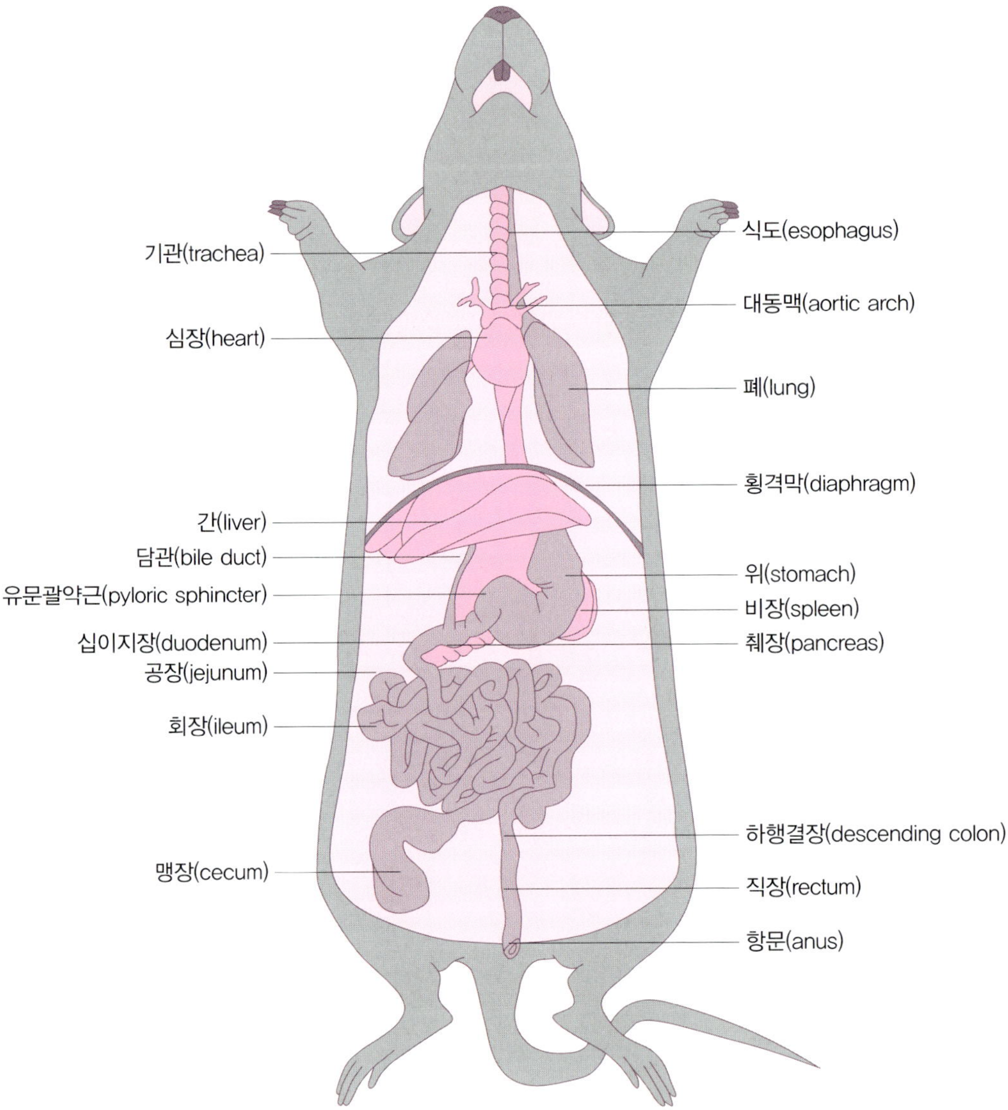

그림 9-1 흰쥐의 해부도

6) 간(liver)

정중엽, 우외엽, 좌외엽, 비상엽의 4엽으로 구성되어 있고, 흰쥐는 담낭이 없어 각엽에서 나오는 담관이 모여 총담관을 형성하며, 십이지장에 연결되어 있다. 영양소 대사 및 해독작용을 담당한다.

2. 비뇨생식계통(urogenital system)

비뇨계통은 혈액 속 노폐물을 걸러내어 몸 밖으로 배출시키고 체액 및 전해질의 균형을 이루는 역할을 한다. 반면 생식계통은 생식세포를 만들고 새롭게 발생한 개체를 일정기간 발육시켜 배출시키는 기능을 담당한다.

1) 신장(kidney)

등쪽 체벽에 한 쌍 존재하며, 지방조직에 묻혀 있고 다른 기관과 달리 고정되어 있지 않다. 방광(urinary bladder)은 근육성 장기로 신장으로부터 요관을 통해 운송되어 온 오줌을 일시 보관하였다가 요도로 배설한다.

2) 수컷 생식기관

한 쌍의 고환과 부고환을 수용하는 피부주머니를 음낭(scrotum)이라 하며, 항문의 바로 배쪽에 위치한다. 고환(testis) 내 세정관에서 정자를 생성하며, 부고환(머리, 몸통, 꼬리)에서 성숙된 정자가 정관을 통해 요도로 수송된다. 부속생식샘으로는 전립샘, 정낭샘, 응고샘, 팽대샘, 쿠퍼샘, 음경꺼풀샘 등이 존재한다.

3) 암컷 생식기관

난소(ovary)는 보통 지방 덩어리 속에 묻혀 있으며 신장의 바로 뒤에 위치한다. 난관에 의해 난소는 자궁(uterus)에 연결되어 있다. 자궁은 중복자궁으로 두 개의 자궁으로 나뉘어 각각 질에 개구되어 있다.

실험

9-1 실험쥐의 해부 및 기관 적출

1. 실험원리

동물실험이 끝난 후 실험쥐 각 기관의 기능을 평가하기 위해서는 부득이 동물을 희생시켜야 한다. 동물의 해부를 위해 여러 가지 수술도구의 조작방법을 충분히 알아두어야 하며, 윤리적으로 고통을 주지 않고 신속하게 안락사를 실시한다. 현재 동물실험은 각 학교마다 〈동물실험윤리위원회〉의 동의를 얻어 실시하게 되어 있다. 목적하는 조직은 각 동물마다 동일한 부위에서 채취하는 것을 원칙으로 하며, 조직의 유전자 분석이 실험의 주목적일 경우 해부 후 기관을 추출하고 즉시 드라이아이스에 보관한 다음 장기 보관이 필요할 경우 -80℃에 저장한다.

2. 시약 및 기구

① 흰쥐(rat)
② 플라스틱 쥐 케이지
③ 알루미늄 포일
④ 해부판
⑤ 70% 알코올
⑥ 시료 보관용 비닐백
⑦ 흡입약물: 탄산가스(CO_2)
⑧ 수술도구: 수술가위, 핀셋, 고정핀, 드라이아이스(dry ice) 및 박스

3. 실험방법

① 플라스틱 케이지에 실험쥐를 넣은 후 알루미늄 포일로 덮은 다음 탄산가스를 천천히 주입한 후 5분 이상 충분히 방치한다.

② 실험쥐의 심장을 확인하거나 뒷다리 끝을 꼬집어 반응을 조사하여 안락사 여부를 파악한다.

③ 해부판에 70% 알코올을 뿌려 오염을 방지한 후 희생된 흰쥐의 배가 위로 향하도록 고정핀으로 사지를 고정한다.

④ 복부기관의 채취를 위해 복부 정중선 배꼽 하단부위를 절개한 후 양 옆으로 복벽을 자른 다음 다시 가슴을 향해 중앙으로 잘라 올라간다. 마지막 늑골연을 따라 좌우 복벽을 절개하여 간, 위, 췌장, 비장, 소장, 대장, 신장 등을 회수한다.

⑤ 흉부 절개를 위해 흉부 정중선을 따라 피부를 절개하며 복부 상부의 근층을 가위로 자르고 늑골을 따라 절개한다. 그 다음 횡격막을 절개하면 폐, 심장, 기관, 식도 등이 노출된다.

⑥ 각 기관을 적출하여 비닐백에 담은 후 드라이아이스 박스에 즉시 넣어 얼린다. 그 다음 장기 저장을 위하여 −80℃ deep freezer에 보관한다.

4. 실험결과

① 각 기관의 무게를 측정하고 체중 100 g당 무게로 환산하여 표로 작성한다.

② 해부된 흰쥐의 해부도를 그린다.

(   ) 학과   학번 (   ) 이름 (   )

Title	
Objective	
Principle	
Reagents and Apparatus	
Procedure	
Result	
Discussion	
Reference	

easy to understand

제10장

인체실험

제10장 인체실험

인체의 생화학적 검사는 인체의 질병상태와 영양상태를 판정하기 위한 자료로 이용된다. 인체의 생화학적 검사방법은 크게 성분검사와 기능검사로 나눌 수 있으며, 성분검사는 혈액, 소변, 조직, 머리카락 등의 시료를 이용하여 직접 조사하고자 하는 성분을 검사하는 것이고, 기능검사는 조사하고자 하는 성분의 기능을 간접적으로 조사하는 것으로 비타민 A의 기능 검사로 암적응 시험법 등을 예로 들 수 있다.

1. 검사 시료

생화학적 검사에 주로 많이 사용되는 검사 시료로는 혈액, 소변, 조직, 머리카락, 손톱, 타액, 땀, 골수 등이 있다.

1) 혈액

혈액은 액체 상태인 혈장과 적혈구, 백혈구, 혈소판을 포함하는 혈구로 이루어져 있다. 혈장은 전체 혈액의 55%, 혈구는 45%를 차지하며, 혈액을 원심분리하면 아래쪽에 고체성분의 혈구가 가라앉고, 위쪽에는 액체인 혈장이 차지한다. 혈구 중 99% 정도는 적혈구가 차지하고 산소운반을 한다. 백혈구는 면역작용을 하며, 혈소판은 혈액응고에 관여한다. 혈액은 생화학적 검사에서 가장 많이 사용되는 기본적인 시료로 체중의

6~8% 정도를 차지한다. 혈액은 상완정맥에서 주사기를 이용해서 주로 채취하고, 손가락 끝이나 귓볼에서 채혈침을 이용해 소량 채취하기도 한다.

항응고제를 사용해서 혈액을 채취하여 얻은 것은 혈장이며, 항응고제 없이 혈액을 원심분리하여 얻은 액체성분은 혈청이라고 한다. 항응고제로는 EDTA(ethylene-diamine tetraacetic acid), heparin, oxalates, citrates 등이 사용된다. 혈장의 구성성분은 90~93%가 수분으로 가장 많고 혈장단백질이 7%, 무기염류 1.5%, 그 밖에 호르몬, 효소, 혈액응고인자, 요산, 크레아티닌, 아미노산, 지방산, 콜레스테롤, 포도당 등이 미량 존재한다.

표 10-1 혈액성분의 정상범위

혈액성분	남자	여자
헤마토크릿(%)	40~54	37~47
헤모글로빈(g/dL)	14~17	12~16
적혈구(cells/μL)	$4.5 \sim 6.5 \times 10^6$	$3.9 \sim 5.6 \times 10^6$
총백혈구(cells/μL)	$4 \sim 11 \times 10^3$	$4 \sim 11 \times 10^3$
혈소판(platelets/μL)	$200 \sim 500 \times 10^3$	$200 \sim 500 \times 10^3$
총단백질(g/100 mL)	≥6.5	≥6.5
알부민(g/100 mL)	≥3.5	≥3.5
GOT(=AST, IU/L)	8~40	8~40
GPT(=ALT, IU/L)	5~35	5~35
포도당(mg/100 mL)	70~100	70~100
콜레스테롤(mg/100 mL)	115~200	115~200
중성지방(mg/100 mL)	130~200	130~200

2) 소변

소변은 혈액이 신장을 통과하면서 혈액 내 노폐물이 걸러진 후 방광에 모였다가 배출되는 것으로 이 과정을 통하여 체내 수분량을 조절한다. 소변은 채취가 쉽고 환자에게 부담이 적고 검사방법도 비교적 간단해서 건강검진, 임신 중 검사, 수술 전 검사 등의 목적으로 사용되는 기본검사이다.

소변검사는 소변의 색, 혼탁도 등의 물리적 성상을 검사하고 소변으로 배출되는 노폐물을 반정량적으로 검출한다. 소변검사는 요로감염, 신장질환, 비뇨기계 질환, 내분비 질환, 대사성 질환, 전해질 이상 등의 선별검사로 이용되기도 하고, 수용성 비타민이나 일부 무기질 등을 조사하여 영양상태 판정에도 이용된다. 소변검사는 일반적으로 3종류로 구성된다.

- 물리적 성상검사: 소변의 색조 및 혼탁도, 냄새 등의 검사
- 화학적 검사: 요당, 요단백, 요잠혈 등을 반정량적으로 검출하는 검사
- 요침사검사: 적혈구, 백혈구, 세균 및 각종 결정 등을 관찰하는 검사

물리적 성상은 육안으로, 화학적 검사는 요시험지봉으로, 요침사검사는 현미경으로 주로 검사한다. 우리가 병원에서 하는 소변검사는 물리적 성상검사와 요시험지봉을 이용한 화학적 검사이다.

표 10-2 정상 참고치 및 요시험지봉의 검출범위

검사 항목	정상 소견	특정 제조회사 요시험지봉 검출범위
비중	1,003~1,030	1,000~1,030
pH	5~8	5~9
잠혈	음성	적혈구 10~250개/μL 헤모글로빈 0.03~0.75 mg/dL
단백	음성(10~20 mg/dL)	15~1000 mg/dL
당	음성(<100 mg/dL)	50~2000 mg/dL
케톤	음성	10~80 mg/dL
아질산염	음성	0.1~0.3 mg/dL
백혈구(에스테르분해효소)	음성	25~500개/μL
빌리루빈	음성	0.5~2.0 mg/dL
우로빌리노겐	음성~±	2~12 mg/dL

소변 시료는 검사 목적에 따라 채뇨 시기가 다르며, 영양상태 판정을 위해서는 24시간 요를 많이 이용한다.

3) 생체검사

생체검사는 생체에서 조직의 일부를 채취하여 형태상의 모습, 즉 병리학적 조직의 변화를 관찰하여 병을 진단하는 검사방법으로 최근에는 암 등의 진단에 많이 사용된다. 생체검사는 생체조직검사와 생체혈액검사로 나뉜다.

생체조직검사는 검사하고자 하는 생체 조직을 적출하여 formaldehyde를 사용하여 고정시킨 후 paraffin으로 포맷하고 microtome을 사용하여 조직을 절편하고 Hematoxylin과 eosin으로 이중 염색하여 현미경으로 관찰하는 것이다.

생체혈액검사는 손가락 끝에서 한 방울의 혈액을 채취하여 현미경으로 관찰하는 방법으로 질병의 초기단계에서 진단하여 치료와 예방을 하는 것이다.

2. 검사 유형

1) 성분검사(직접검사)

직접검사는 질병의 진단, 영양상태 판정 등을 위해 혈액, 소변, 조직 등에서 영양소나 그 대사물의 함량 등의 성분을 측정하는 것으로 혈액에서 알부민, 칼슘, 비타민 A, 콜레스테롤, 포도당 등의 농도를 측정하거나 소변에서 수용성 비타민, 질소배설 등을 측정한다. 이 방법은 간단하고 민감하게 결과를 얻을 수 있는 장점이 있으나, 측정 결과가 우리 몸의 항상성 기전이나 질병, 감염, 스트레스, 환경의 변화 등 다른 요인에 의해서 영향을 받을 수도 있다는 한계점을 가지고 있다. 그렇기 때문에 여러 가지 성분의 분석을 통하여 판정을 하여야 한다.

2) 기능검사(간접검사)

기능검사는 특정 영양소 결핍이나 질병이 생리적 기능의 장애와 관련이 있다는 것을 바탕으로 효소의 활성도나 대사산물, 생리기능, 행동기능 등의 변화를 간접적으로 측정하는 방법이다. 예를 들면, 비타민 A의 상태를 판정하기 위해서 암적응시험법을 사용한다. 그러나 조사하고자 하는 기능에 여러 가지 영양소가 관련되어 있을 경우에는 이 기능시험법만으로 판정하기 어려운 단점이 있어 직접검사법과 병행하여 사용한다.

기능검사에는 혈액의 구성성분, 혈액이나 소변에서 비정상적 대사산물의 측정, 효소 활성도 측정, 인체의 반응검사, 성장과 발달검사, 반응유도검사, 부하검사 등이 있다.

실험

10-1 포도당 측정(효소법)

1. 실험원리

Glucose는 산화하여 gluconic acid와 과산화수소(H_2O_2)를 형성하고, 과산화수소는 peroxidase에 의하여 phenol과 aminoantipyrine을 산화시켜서 적색물질을 만든다.

$$\text{glucose} + O_2 + H_2O \xrightarrow{\text{glucose oxidase}} \text{gluconic acid} + H_2O_2 \quad \cdots\cdots ①$$

$$H_2O_2 + \text{색소원} \xrightarrow{\text{peroxidase}} 2H_2O + \text{적색물질} \quad \cdots\cdots ②$$

위의 ①, ② 반응으로 생성된 적색물질은 505 nm에서 흡광도를 측정하고, 포도당의 농도 0~500 mg/100 mL까지 직선을 보이므로 포도당의 농도를 계산할 수 있다.

2. 시약 및 기구

① Glucose 표준액(200 mg/100 mL): 5 mL

② 희석완충액(buffer diluent): 100 mL

③ PGO효소: 100 mL 희석용

④ 10 mL test tube

3. 실험방법

① 효소용액 조제: PGO효소 1병을 완충액 100 mL에 용해시켜 다음 표와 같이 혼합한다.

	검체(혈청)	맹검(증류수)	표준액
피검재료	0.02 mL	0.02 mL	0.02 mL
효소용액	3.0 mL	3.0 mL	3.0 mL

② 혼합 후 37℃ 수조에서 5분간 반응시킨다.

③ 반응 후 1시간 내에 맹검(증류수)을 대조로 하여 검체 및 표준액의 흡광도를 505 nm에서 측정한다.

4. 실험결과

① 계산식으로 구하는 경우

$$\text{포도당(mg/100 mL)} = \frac{\text{검체의 흡광도}}{\text{표준액의 흡광도}} \times 200(\text{표준액의 포도당 농도})$$

② Factor식으로 구하는 경우

$$\text{Factor} = \frac{\text{표준액의 농도}}{\text{표준액의 흡광도}}$$

(   ) 학과 학번 (   ) 이름 (   )

Title	
Objective	
Principle	
Reagents and Apparatus	
Procedure	
Result	
Discussion	
Reference	

실험 10-2

중성지방 측정(GPO효소법)

1. 실험원리

$$\text{triglyceride} + 3H_2O \xrightarrow{\text{lipoprotein lipase}} \text{glycerol} + \text{fatty acid}$$

$$\text{glycerol} + \text{ATP} \xrightarrow{\text{glycerol kinase}} \text{glycerol-3-phosphate} + \text{ADP}$$

$$\text{glycerol-3-phosphate} + O_2 \xrightarrow{\text{glycerol phosphate oxidase}} \text{dihydroxyacetone phosphate} + H_2O_2$$

$$H_2O_2 + \text{4-아미노안티피린} + \rho\text{-cholesterol} \xrightarrow{\text{peroxidase}} \text{적색 quinone}$$

혈청 중의 중성지방(triglyceride)을 lipoprotein lipase로 가수분해하여 생기는 glycerol을 ATP 존재하에서 glycerol kinase에 의해 glycerol-3-phosphate로 만들고, 이것을 glycerol phosphate oxidase로 산화시키면서 발생되는 과산화수소가 과산화효소의 존재하에서 4-aminoantiphyrine과 ρ-chlorophenol을 산화, 축합시켜 생성하는 적색의 quinone을 파장 505 nm에서 측정하여 중성지방의 농도를 구한다.

2. 시약 및 기구

① 효소시약 A 52 mL: ascorbic acid oxidase 135단위

② 효소시약 B 52 mL: lipoprotein lipase 18,000단위, glycerol kinase 22.5단위, glycerol phosphate oxidase 270단위, peroxidase 45.8단위, 4-aminoantiphyrine 6.1 mg, adenosine-5-disodium triphosphate 54 mg

③ 발색시액 105 mL: ρ-chlorophenol 67 mg

④ 표준액: 트리오레인 300 mg/dL

3. 실험방법

① 효소용액 조제: 효소시약 A, 효소시약 B, 발색시액을 혼합한 후 다음 표와 같이 혼합한다.

	검체(혈청)	맹검(증류수)	표준액
피검재료	0.02 mL	0.02 mL	0.02 mL
효소용액	3.0 mL	3.0 mL	3.0 mL

② 잘 혼합하여 37℃ 수조에서 5분간 가온한다.

③ 60분 이내에 맹검을 대조로 하여 505 nm에서 흡광도를 측정한다.

4. 실험결과

① 계산식으로 구하는 경우

$$\text{중성지방 농도(mg/dL)} = \frac{\text{검체의 흡광도}}{\text{표준액의 흡광도}} \times 300(\text{표준액의 농도})$$

② Factor식으로 구하는 경우

$$\text{Factor} = \frac{\text{표준액의 농도}}{\text{표준액의 흡광도}}$$

(   ) 학과   학번 (   ) 이름 (   )

Title	
Objective	
Principle	
Reagents and Apparatus	
Procedure	
Result	
Discussion	
Reference	

실험 10-3 총콜레스테롤 측정(효소법)

1. 실험원리

$$H_2O + \text{cholesterol ester} \xrightarrow{\text{cholesterol esterase}} \text{free cholesterol} + \text{지방산}$$

$$\text{free cholesterol} + O_2 \xrightarrow{\text{cholesterol oxidase}} \text{cholest-4-en-3-one} + H_2O_2$$

$$2H_2O_2 + \text{4-아미노안티피린} + \text{페놀} \xrightarrow{\text{peroxidase}} \text{적색 quinone}$$

혈청 중에는 에스테르형과 유리형의 콜레스테롤이 존재한다. 에스테르형 콜레스테롤에 cholesterol esterase를 반응시키면 유리형 콜레스테롤과 지방산으로 분해된다. 유리형 콜레스테롤에 cholesterol oxidase를 반응시키면 cholest-4-en-3-one과 과산화수소가 생성되고, 이 과산화수소에 4-aminoantiphyrine, phenol, peroxidase를 반응시키면 적색의 quinone이 생성된다. 이 적색의 quinone을 파장 505 nm에서 측정하여 총콜레스테롤의 농도를 구한다.

2. 시약 및 기구

① 효소시약 105 mL: cholesterol esterase 9단위, cholesterol oxidase 17.5단위, peroxidase 50단위, 4-aminoantiphyrine 6.4 mg

② 발색시액 105 mL: phenol 198 mg

③ 콜레스테롤 표준액: 콜레스테롤 300 mg/dL

3. 실험방법

① 효소용액 조제: 효소시약과 발색시액을 혼합한 후 다음 표와 같이 혼합한다.

	검체(혈청)	맹검(증류수)	표준액
피검재료	0.02 mL	0.02 mL	0.02 mL
효소용액	3.0 mL	3.0 mL	3.0 mL

② 잘 혼합하여 37℃ 수조에서 5분간 가온한다.

③ 60분 이내에 맹검을 대조로 하여 505 nm에서 흡광도를 측정한다.

4. 실험결과

① 계산식으로 구하는 경우

$$\text{총콜레스테롤 농도(mg/dL)} = \frac{\text{검체의 흡광도}}{\text{표준액의 흡광도}} \times 300(\text{표준액의 농도})$$

② Factor식으로 구하는 경우

$$\text{Factor} = \frac{\text{표준액의 농도}}{\text{표준액의 흡광도}}$$

(　　　　　　　　　　) 학과　　학번 (　　　　　　　　　　)　이름 (　　　　　　　　　　)

Title	
Objective	
Principle	
Reagents and Apparatus	
Procedure	
Result	
Discussion	
Reference	

실험 10-4 GOT, GPT 측정(Reitman-Frankel법)

1. 실험원리

(1) GOT(glutamic oxaloacetic transaminase)

L-aspartic acid + α-ketoglutarate ⟶ oxaloacetic acid + L-glutamic acid

oxaloacetic acid + dinitrophenylhydrazinem ⟶ hydrazone

hydrazone + NaOH → 505 nm에서 흡광도 측정

(2) GPT(glutamic pyruvic transaminase)

DL-alanine + α-ketoglutarate ⟶ pyruvic acid + L-glutamic acid

pyruvic acid + dinitrophenylhydrazinem ⟶ hydrazone

hydrazone + NaOH → 505 nm에서 흡광도 측정

혈청에 기질액을 가하여 반응시키면 효소(GOT, GPT)에 의하여 기질이 oxaloacetate 및 pyruvate를 생성하며, 이 생성한 oxaloacetate 및 pyruvate에 DNPH(2,4-dinitrophenylhydrazine) 발색액을 작용시키면 hydrazone를 생성하며, 여기에 NaOH용액을 가해 등갈색으로 발색시켜 파장 505 nm에서 흡광도를 측정한다.

2. 시약 및 기구

① GOT 기질액 100 mL: L-aspartate 2.66 g, γ-ketoglutarate 0.0292 g, 인산이수소칼륨(KH_2PO_4) 0.135 g, 인산일수소나트륨(Na_2HPO_4) 1.27 g

② GPT 기질액 100 mL: L-alanine 1.78 g, γ-ketoglutarate 0.0292 g, 인산일수소나트륨(Na_2HPO_4) 1.22 g

③ 정색시약 100 mL: DNPH(2,4-dinitrophenylhydrazine) 0.0198 g, HCl 적량

④ 4 N 수산화나트륨 용액 100 mL: NaOH 16 g

⑤ 표준액 100 mL: 초성포도산나트륨(sodium pyruvate) 0.04188 g

3. 실험방법

① 4 N 수산화나트륨 용액을 10배 희석하여 0.4 N 수산화나트륨 용액을 제조한다.
(0.4 N-NaOH 용액 = 4 N-NaOH 용액 50 mL + 증류수 450 mL)

② GOT와 GPT 측정을 위해 다음 표와 같이 혼합한다.

	GOT	GPT
기질액(mL)	GOT용 1.0	GPT용 1.0
37℃ 항온수조에서 5분간 가온		
피검혈청(mL)	0.2	0.2
기온	혼합 후 37℃ 항온수조에서 정확히 60분간 가온	혼합 후 37℃ 항온수조에서 정확히 30분간 가온
정색시약(mL)	1.0	1.0
0.4N-NaOH용액(mL)	10.0	10.0

③ 혼합 후 10분간 방치한다.

④ 60분 이내에 파장 505 nm에서 맹검(증류수)을 대조로 하여 흡광도를 측정한다.

4. 실험결과

다음과 같이 검량선을 작성하여 측정값을 계산한다.

*GOP 검량선 작성 시는 GOT용 기질액, GPT 검량선 작성 시 GPT용 기질액을 사용한다.

시험관 No.		1	2	3	4	5
표준액(mL)		0	0.1	0.2	0.3	0.4
기질액(mL)		1.0	0.9	0.8	0.7	0.6
정제수(mL)		0.2	0.2	0.2	0.2	0.2
정색시약(mL)		1.0	1.0	1.0	1.0	1.0
혼합 후 실온에서 정확히 20분간 반응						
0.4N-NaOH용액(mL)		10.0	10.0	10.0	10.0	10.0
실온에서 10분간 방치 후, 60분 이내 파장 505 nm에서 정제수를 대조로 하여 흡광도 측정						
GOT 단위	Karmen/mL	0	24	60	115	195
	IU/mL	0	12	29	56	94
GPT 단위	Karmen/mL	0	27	57	98	150
	IU/mL	0	13	28	47	72

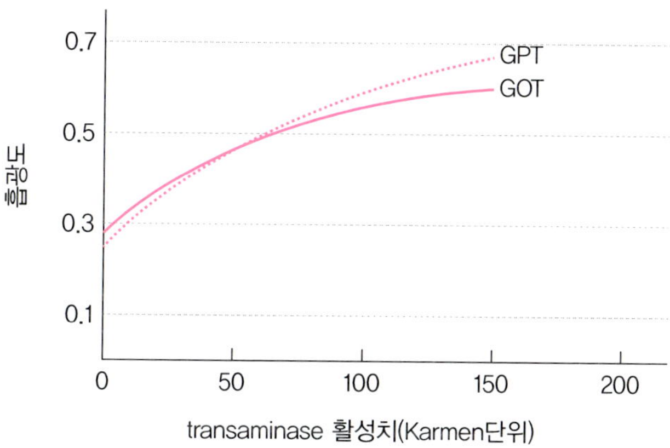

(   ) 학과　학번 (   )　이름 (   )

Title	
Objective	
Principle	
Reagents and Apparatus	
Procedure	
Result	
Discussion	
Reference	

참고문헌

강남이, 권순형, 김경민, 정혜경, 조미숙(2012). New 영양생리학, 지구문화사.

고무석, 김강화, 김경애, 신말식, 오승호, 임현숙, 전덕영, 홍윤호(1996). 식품과 영양, 효일문화사.

고영두, 강한석, 김두환, 김용국, 김재황, 김창현, 남기홍, 명규호, 문양수, 송영민, 안병홍, 안종호, 이성실, 장인석, 하정기(2008). 동물영양학, 유한문화사.

권중호, 김관, 김종태, 신수철, 임태봉, 우순자, 이삼영, 조성훈(1997). 영양화학, 신광출판사.

김나현, 도성탁, 신창호, 유경혜, 정무상(2012). 생명과학을 위한 생화학, 지구문화사.

김동훈(1995). 식품화학, 탐구당.

김숙희, 유춘희, 강명희, 김선희, 김경자, 이종이, 이현옥(1989). 영양학, 이화여자대학교 출판부.

김옥진, 황인수, 정지윤, 김병수(2010). 실험동물학 개론, 동일출판사.

김완종, 박희천, 이봉희, 이원구, 이종빈, 이홍식, 정영화, 조운복, 조징, 한두석(2004). 척추동물 해부학 실습, 정문각.

김현숙, 이명숙, 차연수(2010). 최신 영양생화학 실험, 교문사.

대한생화학회(1990). 실험생화학, 대한생화학회.

방병호, 오현근, 장명호, 차원섭, 최병범, 최부돌(2002). 최신 생화학, 도서출판 진로.

서정숙, 서광희, 이승교, 정현숙(1993). 기초 영양학, 지구문화사.

서정숙, 이종현, 윤진숙, 조성희, 최영선(2010). 영양판정 및 실습, 파워북.

윤태현(1996). 영양화학, 배명사.

이갑상(2007). 효소학 이론과 응용, 대학서림.

이근보, 고명수, 윤경영, 양종범(2011). 쉬운 식품분석, 유한문화사.

이기열(1992). 기초 영양학, 수학사.

이현기(1997). 신 영양학, 수학사.

정근희, 신경옥, 김지상, 김제중, 윤진아, 이현순(2011). 식품분석 및 실험, 삼보출판사.

조덕제 외(1988). 식품분석:이론 및 실습(수정판), 지구문화사.

조재민(2005). 영양화학, 유림문화사.

채수규(2006). 표준 식품분석학-이론 및 실험, 지구문화사.

한국식품영양과학회 편(2000). 식품영양실험핸드북(영양편), 도서출판 효일.

Trudy McKee & James R. McKee 저, 박인국 역(2009). 생화학 길라잡이, 라이프사이언스.

David L. Nelson, Michael M. Cox(2009). *Lehninger principles of Biochemistry*(5/e), W.H. Freeman.

http://blog.naver.com/PostView.nhn?blogId=komihome&logNo=110013059650

TRIzol® reagent 프로토콜(life technologies)

찾아보기

ㄱ

가수분해효소류 84
가압여과 15
가열 15
간 169
감압여과 15
건성유 61
건조 14
건조제 14
검사 시료 176
게놈 도서관 154
경쟁적 저해제 89
곁사슬기 40
계대배양 132
고급알코올 61
과산화물가 측정 71
광우병 129
광전증폭관 155
구조, 단백질 43
금속욕 15
기름 61
기질 83
기질 특이성 84
끓임쪽(boiling chip) 9

ㄴ

나선구소 44
냉각 15
노말 농도 16
뉴클레오티드 108
닌히드린(Ninhydrin)반응 51

ㄷ

다당류 22
다른 자리 입체성반응 87
단당류 20
단백질의 기능 44
단백질 절약작용 23
단순지방질 61
당지방질 61
당질 20
대장 167
데시케이터 14
등전점 42

ㄹ

레트로바이러스 110

ㅁ

메스실린더 13
메스플라스크 14
몰 농도 16
무경쟁 저해제 89
무균 조작 130
무혈청 배지 126

ㅂ

반건성유 61
발현 벡터 153
배양 131
배지 126
병풍구조 44
보고서 작성 16
보고서 형식 17
보조인자 85
복강 167
복합지방질 61
분자 클로닝 153
분해효소류 84
불건성유 61
불포화지방산 63
뷰렛 14
뷰렛(Biuret)반응 46
비경쟁적 저해제 89
비뇨생식계통 169
비색법 29

ㅅ

사욕 15
산패 65
산화환원효소류 84
살균등 130
상압여과 15
생식기관 169
생체검사 179
생체촉매 85
생화학적 검사 176
섬유소 공급 24
성분기지 배지 126
세포주 131
소장 167
소화계통 166
수욕 15
스테롤 에스테르 61
스테롤류 61
스핑고지방질 61
시계반응 101
식도 167
신장 169
실험쥐 166

ㅇ

아미노산 40

안정표시 13
알코올침전법 33
양성이온 42
에너지 공급원 22
에너지원 62
에테르결합 20
여과 15
역전사과정 161
연결효소류 84
염색체 걷기 155
염욕 15
올리고당류 22
왁스류 61
요오드가 61
요오드가 측정 75
위 167
유도지방질 61
유욕 15
유전자 마커 154
유전자 변형 유기물(GMO) 153
이당류 21
이성질화효소류 84
인공냉각 15
인지방질 61
인체실험 176

ㅈ

자연냉각 15
자연여과 15
재조합 DNA 154
전기천공법 154
전이효소류 84
전자식 분석용 저울 13
조펙틴 33
조효소 85
중성지방 측정 185
중성지방질 61
중합효소연쇄반응 152
증류 15
지단백 수용체 64
지방 61
지방산 61
지용성 비타민 61
지질 60
지질대사 조절 24
쯔비터 이온 42

ㅊ

촉매 83
촉매반응 85
촉매힘 82
총콜레스테롤 측정 189
추출 16

ㅋ

콜로니 혼성화 154

ㅌ

타액샘 166

탄수화물 20

탄화수소 61

티로신 90

ㅍ

퍼센트 농도 16

펙틴산 칼슘염법 33

펩티드결합 42

포도당 측정 181

포스포에스테르결합 108

피펫 14

ㅎ

핵산 108

혈액 성분 177

형질도입 154

형질전환 154

형질주입 154

화상 10

화학반응속도 101

활성중심 84

활성화 에너지 86

효소(enzyme) 44, 82

효소-기질 복합체 86

효소의 국제분류법 84

흉강 167

흰쥐의 해부도 168

A

Arrhenius식 101

B

Benedict법 97

BME 배지 127

C

clean room 130

D

DMEM 배지 127

DNA 108

DNA 미세배열 154

E

Eagle 배지 127

F

F10 배지 127

F12 배지 127

Fehling 반응 25

Fehling 시험 25

Fehling 용액 25

H

Hopkins-Cole 시험 90

M

MCDB 배지 28

MEM 배지 127

Michaelis 상수 95

Michaelis-Menten 공식 87

Millon 시약 90

mRNA 109

P

PCR 152

plasmid 111

Q

Q10(온도계수) 87

R

real-time PCR 162

RITC80-7 배지 128

RNA 108

RPMI 배지 127

rRNA 109

S

sigmoid(S형) 곡선 87

T

tRNA 109

W

Wijs 법 75

저자 소개

신경옥 삼육대학교 식품영양학과 교수

김제중 서울과학기술대학교 식품공학과 강사

김지상 경남대학교 식품영양학과 교수

박희중 배화여자대학교 식품영양과 겸임교수

안정희 건국대학교 식품생명과학부 교수

윤진아 배화여자대학교 식품영양과 겸임교수

한경식 삼육대학교 동물자원학과 교수

황효정 한세대학교 간호학과 강사

이해하기 쉬운 **생화학 실험**

2014년 1월 10일 초판 인쇄
2014년 1월 20일 초판 발행

지은이 | 신경옥 김제중 김지상 박희중 안정희 윤진아 한경식 황효정
발행인 | 유제구
발행처 | 파워북
주 소 | 서울 마포구 독막로 291-5 대동빌딩 4층
전 화 | (02) 730-1412
팩 스 | (02) 730-1410
등 록 | 1997. 1. 1 제 300-1997-13

정 가 19,000원
ISBN 978-89-8160-219-2 (93590)

잘못된 책은 바꿔드립니다.